科学出版社"十四五"普通高等教育本科规划教材

抽 象 代 数

孙笑涛　编著

科 学 出 版 社

北 京

内 容 简 介

本书为首批国家级一流本科课程抽象代数的配套教材. 内容包括群环域、唯一分解整环、域扩张、群论初步及模论初步等. 本书以经典数学问题为导向, 按照学生接受概念由具体到抽象、由熟悉到陌生的次序安排. 围绕这些经典问题, 抽象代数的基本概念和定理反复出现、逐渐加深, 便于学生循序渐进、水到渠成地理解内容.

本书可作为高等学校数学类专业本科生或研究生的抽象代数（近世代数）课程教材，也可作为其他相关专业的教学用书.

图书在版编目 (CIP) 数据

抽象代数/孙笑涛编著. —北京：科学出版社，2022.8
科学出版社"十四五"普通高等教育本科规划教材
ISBN 978-7-03-072845-6

Ⅰ. ①抽⋯　Ⅱ. ①孙⋯　Ⅲ. ①抽象代数-高等学校-教材　Ⅳ. ①O153

中国版本图书馆 CIP 数据核字（2022）第 142710 号

责任编辑: 王　静 / 责任校对: 杨聪敏
责任印制: 张　伟 / 封面设计: 陈　敬

科学出版社 出版
北京东黄城根北街 16 号
邮政编码：100717
http://www.sciencep.com

北京科印技术咨询服务有限公司数码印刷分部印刷
科学出版社发行　各地新华书店经销
*

2022 年 8 月第 一 版　　开本: 720 × 1000　1/16
2024 年 9 月第五次印刷　　印张: 8 1/4
字数: 164 000

定价: 29.00 元
(如有印装质量问题, 我社负责调换)

前　　言

　　由于各种原因, 大多数抽象代数 (近世代数) 课程只是简单地向学生介绍了群、环、域等相关概念. 学生在学习完该课程后, 只记得枯燥乏味的定义, 而不知道它们能具体解决什么问题. 林亚南教授将之比喻为 "搭了舞台没唱戏". 因此当我接受天津大学 2016 级近世代数的教学任务时就开始思考, 学生应该通过这门课程学到什么? 如何组织教学内容以便于学生接受? 是传授知识为主还是培养能力为主?

　　没有抽象就没有数学, 培养学生的抽象能力是数学教学不能回避的任务. 而数学专业的毕业生也应该了解直尺–圆规作图及方程是否有根式解等历史上的著名难题和它们的解决方法. 所以我决定通过展示历史上的一些著名难题是如何解决的来引入基本概念和定理. 课程中的几乎所有基本概念和定理都与解决上述问题相关, 这样就回答了学生为什么要学习这些抽象概念的疑问, 同时向学生展示了如何应用所学概念解决具体的 (甚至可以说初等的) 问题. 通过抽象概念 (而不是技巧) 解决看起来初等的问题, 这对愿意思考的学生无疑是极具震撼力的! 而这正是高等数学与初等数学的重要区别. 概括地说, 我们的设计理念可以总结为, 以经典的数学问题为导向, 按照学生接受概念由具体到抽象、由熟悉到陌生的次序进行讲授. 围绕这些经典问题, 抽象代数的基本概念和定理在整个课程中反复出现、逐渐加深, 使学生对于内容的理解循序渐进、水到渠成. 本书是按照上述课程设计理念为学生编写的.

　　引言通俗介绍了尺规作图及高次方程是否有根式解的问题, 为群、环、域的定义埋下伏笔. 学生接受抽象概念困难是因为不习惯, 因此第 1 章将群、环、域及其同态等基本概念一次引入, 这样它们在整个课程教学中反复出现、逐步深入, 使学生习惯成自然.

　　第 2 章引入了唯一分解整环的概念 (可通过历史故事说明唯一分解性的重要性). 本章的技术难点是诺特整环上不可约分解存在性 (定理 2.2.1) 的证明, 而主要定理则是定理 2.2.2 中关于分解唯一性的等价条件.

　　遵循 "引入概念是为了应用" 的原则, 在第 3 章我们展示了如何利用所学概念描述和解决直尺–圆规作图问题. 最后需提示学生, 一个复数可由直尺–圆规作出当且仅当它可通过有限次加减乘除和开平方根得到, 故直尺–圆规作图问题实际上是方程是否有根式解问题的特殊情形. 定理 3.3.2 的证明说明了两个域之间的同构如何扩展成它们扩域之间的同构. 它是本章的难点, 但真正理解该证明对后续学习至关重要. 本章最后一节证明了中间域与子群的对应关系, 为第 4 章群论初步的学习提供了动力.

第 4 章的主要任务是证明方程可解当且仅当伽罗瓦 (Galois) 群可解. 该证明的关键是引理 4.3.2 和高斯 (Gauss) 关于方程 $x^n - 1 = 0$ 可解的定理. 我们在 4.3 节给了引理 4.3.2 和高斯定理一个简洁证明. 最后通过西罗 (Sylow) 定理的证明向学生介绍了群作用的概念.

第 5 章模论初步证明了主理想整环上有限生成模的结构定理, 并介绍了它对有限生成交换群及若尔当 (Jordan) 标准型的应用.

我们坚持以直接、自然的方式处理相关内容, 在不增加难度的前提下追求定理的一般性. 例如第 2 章关于不可约分解存在性的证明, 它对主理想整环或诺特整环难度上并无差别. 而且对诺特整环证明了存在性, 更能突出主理想这一条件对唯一性的重要. 第 2 章关于多项式环的定义也是如此, 多项式系数环非交换并没有增加额外困难. 当然, 教师应该根据教学目标和课时适当选择教学内容.

实践表明 64 学时可以完成前 4 章讲授 (根据学生情况, 第 5 章是选讲内容). 如果希望 48 学时内完成伽罗瓦理论讲授, 第 2 章可以只讲 2.1 节和域上的多项式理论, 同时省略 4.5 节. 如果仅希望 36 学时内完成群、环、域等基本概念的讲授, 可以选择第 1 章, 第 2~4 章的第 1 节和第 4 章 4.2~4.3 节中的置换群与单位根群.

本书在编写过程中得到了宋基建博士的无私帮助, 他在助教工作中不仅纠正了不少错误, 也对 TEX 文件编辑提供了很多帮助, 并提供了书后的习题解答与提示, 在此对他表示衷心的感谢!

作 者

2022 年 1 月

目　　录

引　言

如何证明 $60°$ 角不能用直尺–圆规三等分? 为什么可以用直尺–圆规作出正 17 边形, 但不能作出正七边形? 这些古希腊时期的著名初等几何难题实际上是判定一个多项式方程是否可用根式解的特殊情形. 经过无数先辈的努力, 这些问题在 19 世纪由高斯 (Gauss) 和伽罗瓦 (Galois) 最终解决. 他们解决这些问题的思想和方法无疑是人类智慧的结晶, 也是数学中最美的部分之一, 我们将在本课程中学习和欣赏它们. 在进入这片美丽 (但复杂) 的森林之前, 最好先用看地图的方式 (不太严格地) 了解一下抽象代数的基本概念是如何用来描述和解决这些问题的, 为后面学习这些抽象概念提供动力.

我们在中学已经知道 2 次方程 $x^2 + bx + c = 0$ 的根可以写成

$$x = \frac{-b \pm \sqrt{b^2 - 4c}}{2},$$

而 3 次方程 $x^3 + ax^2 + bx + c = 0$ 通过变换 $\left(x \rightsquigarrow x - \frac{1}{3}a \right)$ 可归结为解

$$x^3 + px + q = 0.$$

设 $x_1, x_2, x_3 \in \mathbb{C}$ 是它的根. 令 $\delta = -4p^3 - 27q^2$, $\xi = -\frac{1}{2} + \frac{1}{2}\sqrt{-3}$, 则

$$\begin{cases} x_1 = \dfrac{1}{3}\sqrt[3]{-\dfrac{27}{2}q + \dfrac{3}{2}\sqrt{-3\delta}} + \dfrac{1}{3}\sqrt[3]{-\dfrac{27}{2}q - \dfrac{3}{2}\sqrt{-3\delta}}, \\[3mm] x_2 = \dfrac{\xi^2}{3}\sqrt[3]{-\dfrac{27}{2}q + \dfrac{3}{2}\sqrt{-3\delta}} + \dfrac{\xi}{3}\sqrt[3]{-\dfrac{27}{2}q - \dfrac{3}{2}\sqrt{-3\delta}}, \qquad \text{(卡尔达诺(Cardano)公式).} \\[3mm] x_3 = \dfrac{\xi}{3}\sqrt[3]{-\dfrac{27}{2}q + \dfrac{3}{2}\sqrt{-3\delta}} + \dfrac{\xi^2}{3}\sqrt[3]{-\dfrac{27}{2}q - \dfrac{3}{2}\sqrt{-3\delta}} \end{cases}$$

4 次方程的根也有类似公式, 但要复杂得多. 观察后发现: 2 次方程、3 次方程和 4 次方程的根都可以由方程系数出发, 通过有限次 (加、减、乘、除) 四则混合运算和开根号而得到! 我们把这样的方程称为可用根式解 (或简称可解). 一个自然的问题是: 大于 4 次的方程 (简称高次方程) 是否可解? 这是历史上的著名难题, 最终由天才少年伽罗瓦解决. 而在伽罗瓦出生之前, 困扰数学家近两千年的直

尺–圆规作图问题由于另一位天才少年高斯的出现而得到突破. 通过初等而又冗长的计算, 他确定了可由直尺–圆规作出的正多边形的边数. 事实上, 在伽罗瓦的理论发表以后, 数学家通过引入抽象概念和语言极大地简化和改进了伽罗瓦理论. 而且无需复杂计算, 可以很快得到高斯的定理.

我们以有理系数方程 $f(x) = x^n + a_1 x^{n-1} + \cdots + a_{n-1} x + a_n = 0$ 为例, 说明如何通过引入抽象概念 (语言) 来准确描述 $f(x) = 0$ 是否可用根号解这一问题. 设 $z_1, z_2, \cdots, z_n \in \mathbb{C}$ 是方程 $f(x) = 0$ 的全部根, 令

$$L = \mathbb{Q}[z_1, z_2, \cdots, z_n] \subset \mathbb{C}$$

是由 $z_1, z_2, \cdots, z_n$ 经有限次四则混合运算所得元素的集合, 显然它对于加、减、乘、除封闭 (即 L 中任意两个元素的加、减、乘、除仍在 L 中). 不妨称对加、减、乘、除封闭的子集 $K \subset \mathbb{C}$ 为 $\mathbb{C}$ 的子域. 不难看出, $\mathbb{Q} \subset \mathbb{C}$ 是 $\mathbb{C}$ 的子域, $L = \mathbb{Q}[z_1, z_2, \cdots, z_n] \subset \mathbb{C}$ 是 $\mathbb{C}$ 中包含 $z_1, z_2, \cdots, z_n$ 和 $\mathbb{Q}$ 的最小子域, 称为由 $\mathbb{Q}$ 添加 $z_1, z_2, \cdots, z_n$ 生成的子域 (亦称方程 $f(x) = 0$ 的分裂域). 现在我们可以定义: 方程 $f(x) = 0$ 称为可用根号解 (简称可解), 如果存在子域链 $\mathbb{Q} = K_1 \subset K_2 \subset \cdots \subset K_m \subset K_{m+1} = L$ 使得

$$K_{i+1} = K_i\big[\sqrt[d_i]{\lambda_i}\,\big], \quad \lambda_i \in K_i \quad (1 \leqslant i \leqslant m),$$

即 K_{i+1} 是由 K_i 添加不可约多项式 $x^{d_i} - \lambda_i$ 的根生成的子域. 如何判断这种子域链的存在性是解决问题的关键, 伽罗瓦为此引入了群这一工具.

一个双射 $\phi: L \to L$ 称为 L 的域自同构, 如果对任意 $z, z' \in L$ 有

$$\phi(z + z') = \phi(z) + \phi(z'), \quad \phi(z \cdot z') = \phi(z) \cdot \phi(z').$$

显然, 恒等映射 $e: L \to L$ 是 L 的一个域自同构, 任何两个域自同构 $\phi_1: L \to L$, $\phi_2: L \to L$ 的合成映射 $\phi_1 \cdot \phi_2: L \to L$ 还是一个域自同构, 任意域自同构 $\phi: L \to L$ 的逆映射 $\phi^{-1}: L \to L$ 仍然是域自同构. 令

$$\mathrm{Gal}(L/\mathbb{Q}) = \{\phi: L \to L \mid \phi(a) = a, \, \forall a \in \mathbb{Q}\}$$

是 L 的所有域自同构的集合, 则 "映射合成" 定义了一个运算

$$\mathrm{Gal}(L/\mathbb{Q}) \times \mathrm{Gal}(L/\mathbb{Q}) \to \mathrm{Gal}(L/\mathbb{Q}), \quad (\phi_1, \phi_2) \mapsto \phi_1 \cdot \phi_2.$$

不难验证:

(1) $\phi_1 \cdot (\phi_2 \cdot \phi_3) = (\phi_1 \cdot \phi_2) \cdot \phi_3$(结合律);

(2) 存在 $e \in \mathrm{Gal}(L/\mathbb{Q})$, 使得对任意 $\phi \in \mathrm{Gal}(L/\mathbb{Q})$ 有 $e \cdot \phi = \phi \cdot e = \phi$(单位元存在性);

(3) 对任意 $\phi \in \mathrm{Gal}(L/\mathbb{Q})$，存在 $\phi^{-1} \in \mathrm{Gal}(L/\mathbb{Q})$ 使得 $\phi^{-1} \cdot \phi = \phi \cdot \phi^{-1} = e$(逆元的存在性).

通常将带有上述运算的集合 $\mathrm{Gal}(L/\mathbb{Q})$ 称为方程 $f(x) = 0$ 的伽罗瓦群 (记为 G_f).

对任意中间域 $\mathbb{Q} \subset E \subset L$ (E 是位于 $\mathbb{Q}$ 和 L 之间的子域), 子集

$$\mathrm{Gal}(L/E) = \{\phi \in G_f \,|\, \phi(a) = a,\, \forall\, a \in E\} \subset G_f$$

满足:

(1) $\forall\, \phi_1,\, \phi_2 \in \mathrm{Gal}(L/E)$, 有 $\phi_1 \cdot \phi_2 \in \mathrm{Gal}(L/E)$;

(2) $\forall\, \phi \in \mathrm{Gal}(L/E)$, 有 $\phi^{-1} \in \mathrm{Gal}(L/E)$.

满足这种条件的子集称为伽罗瓦群 G_f 的子群.

伽罗瓦理论的主要定理断言: 上述对应 $E \mapsto \mathrm{Gal}(L/E)$ 在 "中间域集合 $\Sigma = \{\mathbb{Q} \subset E \subset L\}$" 与 "子群集合 $\Omega = \{H \subset G_f\}$" 之间建立了一个双射, 且当 E 是由 $\mathbb{Q}$ 添加一个方程的全部根生成的子域 (称为正规扩张) 时, 它对应的子群 $\mathrm{Gal}(L/E)$ 必为 G_f 的正规子群. 从而将方程 $f(x) = 0$ 是否可解变成一个纯群论的问题: 是否存在正规子群链

$$\{e\} = G_{m+1} \lhd G_m \lhd \cdots \lhd G_{i+1} \lhd G_i \lhd \cdots \lhd G_2 \lhd G_1 := G_f$$

使得 $G_i/G_{i+1}(1 \leqslant i \leqslant m)$ 都是交换群 (此时称 G_f 为可解群).

为了判断 $f(x) = 0$ 是否可用根式解, 显然可以假设它的 n 个根 $z_1, z_2, \cdots, z_n \in \mathbb{C}$ 互不相同. 令 $T = \{z_1, z_2, \cdots, z_n\}$, S_n 表示所有双射 $\sigma : T \to T$ 的集合, "映射的合成" 定义了 S_n 的一个运算使得它成为一个群, 称为 n 个元素的置换群 (或 n 元对称群), 仍记为 S_n. 对任意 $\phi \in G_f$, $\phi(z_i)$ 仍然是 $f(x) = 0$ 的根, 所以 ϕ 诱导了一个双射 $\phi|_T : T \to T$, G_f 可以用这种方式实现为 S_n 的子群 (但一般不等于 S_n).

在接下来的课程中, 我们将证明, 如果 $f(x)$ 的系数 "充分一般", 则 $G_f = S_n$. 另一方面, 当 $n \geqslant 5$ 时, S_n 必为 "不可解群", 从而证明了阿贝尔–鲁菲尼 (Abel-Ruffini) 定理: 一般高次方程不能用根式解.

代数的发展源自数及其运算的研究, 尤其是 "解方程" 的研究促成了新的数和新的代数系统的诞生. 例如复数及其运算的引进, 伽罗瓦关于加、减、乘、除封闭的数的集合和方程根的置换群等. 在 19 世纪, 除了置换群, 还出现大量带有运算的集合 (代数系统), 例如, 向量、四元数、矩阵、各种超复数、几何上的各种变换群等. 它们涉及的集合中元素不必是 "数", 集合上的运算定义也各不相同, 对某个具体系统成立的性质也未必适用其他系统. 19 世纪后期, 数学家开始认识到, 对许多不同的代数系统抽象出它们共同的内容进行研究, 不仅可以提高研究效率,

而且所得结论具有广泛的适用性. 当然, 现在抽象代数课程中群、环、域的定义都是经过长时间的完善, 逐步揭示出来的. 例如, 直到 1883 年, 抽象群的现代定义才在戴克 (Walther von Dyck) 的文章中出现. 1893 年, 韦伯 (Heinrich Weber) 在对伽罗瓦理论进行抽象阐述的文章中引进了域的抽象定义, 而环的抽象理论则直到 20 世纪才出现. 事实上, 环 (ring) 这个词是由希尔伯特 (David Hilbert) 引进的.

　　最后, 总结一下这门课程的特点也许有助于初学者. 在代数系统中, 重要的不是元素本身, 而是它们之间的运算. 例如, 代数系统中的零元 0, 单位元 1 是由集合上运算确定的. 对于代数系统中的运算, 重要的不是它的具体定义, 而是它所满足的规则. 基于这样的原则, 内托 (Eugen E. Netto) 在 1882 年讨论置换群时引入了同态与同构. 抽象代数通常将同构的群、同构的环、同构的域等看成相同的群、相同的环、相同的域! 所以, 当一个群 (环、域)H 同构于另一个群 (环、域)G 的子群 (子环、子域) 时, 我们通常将 H 看成 G 的子群 (子环、子域). 在同构意义下, 任何抽象群可以实现为变换群, 任何抽象环可以实现为加法群自同态环的子环, 这些群和环的 "表示" 为研究抽象的群和环提供了有益途径.

第 1 章　群　环　域

一个非空集合 K 上的 (二元) 运算是指一个给定的映射

$$\varphi : K \times K \to K.$$

这样的运算当然很多, 但代数中讨论的运算总是要求满足一些条件. 我们通常称带有一个 (或几个) 运算的集合

$$K = (K, \varphi) \quad \text{或} \quad K = (K, \varphi_1, \cdots, \varphi_m)$$

是一个代数系统, 它上面的运算则称为集合 K 上的代数结构, 代数的主要任务之一, 就是对代数系统 (或集合上的代数结构) 在 "同构" 意义下进行分类. 在本章中, 我们将介绍三个最基本的代数系统: 群、环、域. 它们的定义都是从大量实际应用中的例子抽象而来, 保留了最本质的性质, 值得初学者仔细研读. 在很多线性代数课程中我们可能已经学习过域的定义, 并且在引言中也看到子域是如何用来描述方程可否用根式解的问题, 所以我们先从回忆域的定义开始.

1.1　域 的 定 义

设 $\mathbb{Q}, \mathbb{R}$ 和 $\mathbb{C}$ 分别表示全体有理数的集合、全体实数的集合和全体复数的集合, 则数的加法和乘法定义了这些集合上的代数结构, 而代数系统

$$\mathbb{Q} = (\mathbb{Q}, +, \cdot), \quad \mathbb{R} = (\mathbb{R}, +, \cdot), \quad \mathbb{C} = (\mathbb{C}, +, \cdot)$$

分别称为有理数域、实数域、复数域. 一个重要的观察就是: 数的四则混合运算规则都可由九条基本规则推出. 我们将采用这九条基本规则作为域的九条公理: 设集合 K 至少含两个元素,

$$\varphi_1 : K \times K \to K, \qquad \varphi_2 : K \times K \to K$$

是 K 上任意两个运算. 如果运算 φ_1, φ_2 满足类似数的加法和乘法的九条基本规则, 则称代数系统 $K = (K, \varphi_1, \varphi_2)$ 是一个域. 为了照顾我们长期养成的计算习惯, 不妨将运算 φ_1 和 φ_2 分别称为 "加法" 和 "乘法", 并将 (a, b) 在 φ_1 和 φ_2 下的像分别记为 $a + b$ 和 $a \cdot b$, 在此约定下, 我们可以将域的定义叙述如下:

定义 1.1.1 设 K 是一个至少含两个元素的集合, φ_1, φ_2 分别是 K 上的 "加法" 和 "乘法" 运算. 对任意 $a, b \in K$, $a + b$ 和 $a \cdot b$ 分别表示 (a, b) 在 φ_1 和 φ_2 下的像. 如果运算 φ_1, φ_2 满足如下条件 (简称域九条):

(1) (加法结合律) $\forall a, b, c \in K$, 则 $(a + b) + c = a + (b + c)$;

(2) (零元存在性) 存在元素 $0_K \in K$ 使得 $a + 0_K = 0_K + a = a, \forall a \in K$;

(3) (负元存在性) $\forall a \in K$, 存在元素 $b \in K$ 使得 $a + b = b + a = 0_K$;

(4) (加法交换律) $\forall a, b \in K$, 则 $a + b = b + a$;

(5) (乘法结合律) $\forall a, b, c \in K$, 则 $(a \cdot b) \cdot c = a \cdot (b \cdot c)$;

(6) (单位元存在性) 存在元素 $1_K \in K$ 使得 $a \cdot 1_K = 1_K \cdot a = a, \forall a \in K$;

(7) (可逆元存在性) $\forall a \in K, a \neq 0_K$, 则存在 $b \in K$ 使得 $a \cdot b = b \cdot a = 1_K$;

(8) (乘法交换律) $\forall a, b \in K$, 则 $a \cdot b = b \cdot a$;

(9) (分配律) $\forall a, b, c \in K$, 则 $a \cdot (b + c) = a \cdot b + a \cdot c$,

则称 $K = (K, \varphi_1, \varphi_2) = (K, +, \cdot)$ 是一个域.

注记 (1) 定义中的 $0_K, 1_K$ 是唯一存在的: 如果存在 $0_K, 0_K' \in K$ 满足定义中的条件 (2), 则 $0_K = 0_K' + 0_K = 0_K'$. 同理, 如果存在 $1_K, 1_K' \in K$ 满足定义中的条件 (6), 则 $1_K = 1_K' \cdot 1_K = 1_K'$.

(2) 对于给定的 $a \in K$, 存在唯一的 $b \in K$ 满足 $a + b = b + a = 0_K$: 如果 $b, b' \in K$ 都满足该等式, 则

$$b = b + 0_K = b + (a + b') = (b + a) + b' = 0_K + b' = b'.$$

这样的 $b \in K$(由 $a \in K$ 唯一确定) 记为 $b = -a$, 称为 a 的负元.

(3) 对给定的 $a \in K, a \neq 0_K$, 存在唯一的 $b \in K$ 使 $a \cdot b = b \cdot a = 1_K$: 如果 $b, b' \in K$ 都满足该等式, 则

$$b = b \cdot 1_K = b \cdot (a \cdot b) = (b \cdot a) \cdot b' = 1_K \cdot b' = b'.$$

这样的 $b \in K$(由 $a \in K$ 唯一确定) 记为 $b = a^{-1}$, 称为 a 的逆元.

定义 1.1.2 0_K 称为域 K 中的零元 (经常简称 0), 1_K 称为域 K 中的单位元 (经常简称 1).

对任意整数 $n \in \mathbb{Z}$ 和 $a \in K$, 如果 $n > 0$, 我们约定:

$$na := \underbrace{a + a + \cdots + a}_{n}, \quad a^n := \underbrace{a \cdot a \cdot \cdots \cdot a}_{n}$$

如果 $n = 0$, 规定: $na = 0_K$, $a^n = 1_K$ (即: $0a = 0_K$, $a^0 = 1_K$). 如果 $n < 0$, 定义: $na := (-n)(-a)$, $a^n := (a^{-1})^{-n}$(仅当 $a \neq 0_K$ 时可定义).

通常我们约定记号:

$$a + (-b) = a - b, \quad 0 = 0_K, \quad 1 = 1_K, \quad a^{-1} \cdot b = b \cdot a^{-1} = \frac{b}{a} \quad (a \neq 0).$$

所以, 在抽象域 K 中, 我们可以与在 $\mathbb{Q}, \mathbb{R}, \mathbb{C}$ 中一样做运算, 例如

$$\frac{b}{a} + \frac{d}{c} = \frac{bc + ad}{ac}, \quad \frac{b}{a} - \frac{d}{c} = \frac{bc - ad}{ac},$$

$$a - (b + c) = a - b - c, \quad a - (b - c) = a - b + c,$$

$$a(b - c) = ab - ac, \quad (-n)a = -(na).$$

定义 1.1.3 设 K 是一个域, $F \subset K$ 是非空子集. 如果 F 关于 K 的 "加法" 和 "乘法" 成为一个域, 则称 F 是 K 的子域 (K 称为 F 的扩域).

它与下述定义等价:

至少含两个元素的子集 $F \subset K$ 称为一个子域, 如果

(1) $\forall a, b \in F$, 则 $a + b \in F$, $a \cdot b \in F$(K 的运算诱导 F 的运算);

(2) $\forall a \in F$, 则 $-a \in F$(推出 $0 \in F$);

(3) $\forall a \in F$, $a \neq 0$, 则 $a^{-1} \in F$(推出 $1 \in F$).

例 1.1.1 设 $\mathbb{Q}$ 是有理数域, $\mathbb{Z} \subset \mathbb{Q}$ 是所有整数的集合, 则 $\mathbb{Z}$ 满足定义中的条件 (1) 和 (2), 但不满足条件 (3). 令 $\mathbb{Q}_+ \subset \mathbb{Q}$ 是所有正有理数的集合, 则它满足条件 (1) 和 (3), 但不满足条件 (2).

例 1.1.2 设 $\mathbb{C}$ 是复数域, $K \subset \mathbb{C}$ 是一个子域, $z \in \mathbb{C}$ 是一个复数, 则

$$K(z) = \left\{ \frac{f(z)}{g(z)} \mid \forall f(x), g(x) \in K[x], g(z) \neq 0 \right\} \subset \mathbb{C}$$

是 $\mathbb{C}$ 中包含 K 和 z 的最小子域, 称为由 K 添加 z 生成的域, 其中 $K[x]$ 表示系数在 K 中的全体多项式的集合.

如果 z 是 K 上的代数元 (即: 存在非零多项式 $g(x) \in K[x]$ 使得 $g(z) = 0$), 则

$$K(z) = K[z] := \{ f(z) \mid \forall f(x) \in K[x] \}.$$

(它的证明需要多项式的唯一分解定理.)

一般地, 设 $z_1, z_2, \cdots, z_n \in \mathbb{C}$, 由 K 添加 $z_1, z_2, \cdots, z_n$ 生成的域可以归纳地定义为

$$K(z_1, z_2, \cdots, z_n) = K(z_1, z_2, \cdots, z_{n-1})(z_n)$$

或等价地定义:

$K(z_1, z_2, \cdots, z_n) \subset \mathbb{C}$ 是 $\mathbb{C}$ 中包含 K 和 $z_1, z_2, \cdots, z_n$ 的最小子域.

特别, 形如 $\mathbb{Q}(z_1, z_2, \cdots, z_n)$ 的子域通常称为 $\mathbb{C}$ 中的有限生成子域.

例 1.1.3　集合 $\mathbb{Q}[\sqrt{2}] = \{a + b\sqrt{2} \mid a, b \in \mathbb{Q}\} \subset \mathbb{R}$ 是一个子域 (它是 $\mathbb{R}$ 中包含 $x^2 - 2 = 0$ 的根的最小子域).

例 1.1.4　集合 $\mathbb{Q}[\sqrt[3]{2}] = \{a + b\sqrt[3]{2} + c\sqrt[3]{4} \mid a, b, c \in \mathbb{Q}\} \subset \mathbb{R}$ 是一个子域, 但子集合 $A = \{a + b\sqrt[3]{2} \mid a, b \in \mathbb{Q}\} \subset \mathbb{R}$ 不是子域 (因为 $\sqrt[3]{2} \cdot \sqrt[3]{2} = \sqrt[3]{4} \notin A$).

例 1.1.5　固定素数 $p > 0$, $\forall\, a, b \in \mathbb{Z}$, 如果 $a - b$ 能被 p 整除, 则称 a, b 模 p 同余, 记为 $a \equiv b$.

子集合 $\bar{a} = \{x \in \mathbb{Z} \mid x \equiv a\} \subset \mathbb{Z}$ 称为 a 的同余类, 则同余类的集合为 $\mathbb{F}_p = \{\bar{a} \mid \forall\, a \in \mathbb{Z}\} = \{\bar{0}, \bar{1}, \bar{2}, \cdots, \overline{p-1}\}$.

定义运算:

$$\bar{a} + \bar{b} = \overline{a+b}, \qquad \bar{a} \cdot \bar{b} = \overline{ab}, \qquad \forall\, a, b \in \mathbb{Z}$$

(需说明该定义是有意义的), 可以验证 $\mathbb{F}_p = (\mathbb{F}_p, +, \cdot)$ 关于上述的 "加法" 和 "乘法" 成为一个域, 一般称为 $\mathbb{Z}$ 的模 p 剩余类域.

例 1.1.6　$M_2(\mathbb{R})$ 关于矩阵的加法和乘法不是一个域, 但子集合

$$K = \left\{ \begin{pmatrix} a & b \\ -b & a \end{pmatrix} \,\middle|\, a, b \in \mathbb{R} \right\}$$

关于矩阵的加法和乘法是一个域.

习　题　1.1

1.1.1　设 K 是一个域, 试证明下述结论:

(1) 如果 $a \cdot c = b \cdot c$, $c \neq 0_K$, 则 $a = b$ (乘法消去律);

(2) $\forall\, a, b \in K$, 如果 $a \cdot b = 0_K$, 则 $a = 0_K$ 或 $b = 0_K$;

(3) $(a^{-1})^{-1} = a$　$(\forall\, a \in K,\ a \neq 0_K)$;

(4) $(a \cdot b)^{-1} = a^{-1} \cdot b^{-1}$　$(a \neq 0_K,\ b \neq 0_K)$;

(5) $(-a)^{-1} = -a^{-1}$　$(\forall\, a \neq 0_K)$;

(6) $\forall\, a \neq 0_K$, $m, n \in \mathbb{Z}$, 则 $a^{m+n} = a^m \cdot a^n$, $a^{mn} = (a^m)^n$;

1.1.2　设 K 是一个域, 证明: K 的任意一组子域 (可以无限多个) 的交集仍是子域. 如果 $K_i \subset K$ $(i \in \mathbb{N})$ 是满足条件 $K_i \subseteq K_{i+1}$ $(i \in \mathbb{N})$ 的子域, 则它们的并集也是 K 的子域.

1.1.3　令 $\mathbb{Q}[\sqrt{2}, \sqrt{3}]$ 表示 $\mathbb{C}$ 中包含 $\mathbb{Q}, \sqrt{2}, \sqrt{3}$ 的最小子域, 证明 $\mathbb{Q}[\sqrt{2}, \sqrt{3}] = \mathbb{Q}[\sqrt{2} + \sqrt{3}]$.

1.1.4 设 $\mathbb{N}$ 是所有正整数的集合, $\mathbb{Q}$ 是有理数域. 因 $\mathbb{Q}$ 是可数集, 故存在双射 $f : \mathbb{N} \to \mathbb{Q}$. 令 $f^{-1} : \mathbb{Q} \to \mathbb{N}$ 表示 f 的逆映射, 利用有理数的加法和乘法, 可通过双射 f 定义 $\mathbb{N}$ 上的运算如下: $\forall n, m \in \mathbb{N}$,

$$n \oplus m = f^{-1}\left(f(n) + f(m)\right), \quad n \star m = f^{-1}\left(f(n)f(m)\right),$$

试证明: $\mathbb{N} = (\mathbb{N}, \oplus, \star)$ 是域, 并求它的零元和单位元.

1.1.5 证明: 在域的定义中, 加法的交换律 (即条件 (4)) 可以由其他条件推出. 提示: 按两种方式展开 $(1 + 1) \cdot (a + b)$.

1.1.6 设 $p > 2$ 是素数, $\mathbb{F}_p = \{\bar{0}, \bar{1}, \bar{2}, \cdots, \overline{p-1}\}$ 是 $\mathbb{Z}$ 的模 p 剩余类域. 试计算:

(1) $\bar{2}$ 在 $\mathbb{F}_p$ 中的逆元 $\bar{2}^{-1}$;

(2) $\overline{p-1} \cdot \overline{p-2}$;

(3) $\overline{p-2}$ 在 $\mathbb{F}_p$ 中的逆元 $\overline{p-2}^{-1}$.

1.2 环 的 定 义

整数集合 $\mathbb{Z}$ 关于数的加法和乘法不是一个域 (它满足域定义中除条件 (7) 之外的所有其他条件), 而 n 阶实矩阵的集合 $M_n(\mathbb{R})$ $(n > 1)$ 关于矩阵的加法和乘法也不是一个域 (它满足域定义中除条件 (7) 和 (8) 之外的所有其他条件), 但它们都是非常重要的代数系统. 所以我们有必要在域定义中移除条件 (7) 和 (8), 以便得到一类更广泛的代数系统.

定义 1.2.1 设 $R = (R, +, \cdot)$ 是一个带两个二元运算的代数系统, 且集合 R 非空. 如果这两个运算满足下列条件:

(1) (加法结合律) $\forall a, b, c \in R$, 则 $(a + b) + c = a + (b + c)$;

(2) (零元存在性) 存在元素 $0_R \in R$ 使得 $a + 0_R = 0_R + a = a, \forall a \in R$;

(3) (负元存在性) $\forall a \in R$, 存在元素 $b \in R$ 使得 $a + b = b + a = 0_R$;

(4) (加法交换律) $\forall a, b \in R$, 则 $a + b = b + a$;

(5) (乘法结合律) $\forall a, b, c \in R$, 则 $(a \cdot b) \cdot c = a \cdot (b \cdot c)$;

(6) (单位元存在性) 存在元素 $1_R \in R$ 使得 $a \cdot 1_R = 1_R \cdot a = a, \forall a \in R$;

(7) (分配律) $\forall a, b, c \in R$, 则 $a \cdot (b + c) = a \cdot b + a \cdot c$ $(b + c) \cdot a = b \cdot a + c \cdot a$, 则称该代数系统 $R = (R, +, \cdot)$ 是一个环.

注记 (1) 与域的情形一样, 可以证明: 定义中的 $0_R, 1_R$ 是唯一存在的, 对于给定的 $a \in R$, 满足 $a + b = b + a = 0_R$ 的 $b \in R$ 也是唯一的. 所以我们同样称 $0_R, 1_R$ 是 R 的零元和单位元, 而满足 $a + b = b + a = 0_R$ 的 b 称为 a 的负元, 记为 $b = -a$ (当然, a 也是 b 的负元, 所以 $-(-a) = a$).

(2) 很多代数书定义环时不要求条件 (6), 将满足条件 (6) 的环称为有单位元的环. 与域的定义不同, 我们没有排除 $1_R = 0_R$, 此时环 $R = \{0_R\}$ 仅由一个元素组成, 称为零环, 记为 $R = 0$. 以后如果没有特别申明, 我们总是假设 $R \neq 0$.

(3) 非零元 $a \in R$ 称为可逆, 如果存在 $b \in R$ 使 $a \cdot b = b \cdot a = 1_R$. 这样的 b 由 a 唯一确定, 记为 $b = a^{-1}$, 称为 a 的逆元. R 中可逆元的集合

$$U(R) = \{\, a \in R \mid a \text{ 可逆}\,\}$$

对于 R 的乘法封闭, 它在 $U(R)$ 上诱导的乘法满足群的公理 (我们下一节将讨论), 称为 R 的单位群.

(4) 为简化符号, 常将 $a \cdot b$ 写成 ab, 将 $a + (-b)$ 写成 $a - b$, 并约定

$$\text{当 } n > 0 \text{ 时}: \quad na := \underbrace{a + a + \cdots + a}_{n}, \quad a^n := \underbrace{a \cdot a \cdot \cdots \cdot a}_{n}$$

如果 $n = 0$, 规定: $na = 0_R$, $a^n = 1_R$ (即: $0a = 0_R$, $a^0 = 1_R$). 如果 $n < 0$, 定义: $na := (-n)(-a)$, $a^n := (a^{-1})^{-n}$ (仅当 a 可逆时有定义).

定义 1.2.2 环 $R = (R, +, \cdot)$ 称为交换环, 如果它的乘法满足交换律

$$ab = ba, \quad \forall\, a,\, b \in R.$$

例 1.2.1 域是所有非零元均可逆的交换环. 全体整数 $\mathbb{Z}$ 关于数的 "加法" 和 "乘法" 成为一个交换环 (称为整数环), 它的单位群为

$$U(\mathbb{Z}) = \{1,\, -1\}.$$

例 1.2.2 设 $M_n(\mathbb{R}) = \{A = (a_{ij})_{n \times n} \mid a_{ij} \in \mathbb{R}\}$ 是所有 n 阶实矩阵的集合, 它关于矩阵的 "加法" 和 "乘法" 构成一个环, 其中

$$0_{M_n(\mathbb{R})} = (0)_{n \times n}, \quad 1_{M_n(\mathbb{R})} = \mathrm{diag}(1, 1, \cdots, 1) = I_n \text{ (单位矩阵)}.$$

当 $n > 1$ 时, 它是一个非交换环, 它的单位群为

$$U(M_n(\mathbb{R})) = \{\, A \in M_n(\mathbb{R}) \mid \det(A) \neq 0\,\}.$$

特别地, $M_n(\mathbb{Z}), M_n(\mathbb{Q}), M_n(\mathbb{C}), M_n(k)$ (k 是一个域) 关于矩阵的 "加法" 和 "乘法" 构成一个环. 事实上, 如果 R 是一个交换环, 则

$$M_n(R) = \{\, A = (a_{ij})_{n \times n} \mid a_{ij} \in R\,\}$$

关于矩阵的 "加法" 和 "乘法" 构成一个环, 且它的单位群为

$$U(M_n(R)) = \{\, A \in M_n(R) \mid \det(A) \in U(R)\,\}.$$

例 1.2.3 固定整数 $m > 0, \forall a, b \in \mathbb{Z}$, 如果 $a - b$ 能被 m 整除, 则称 a, b 模 m 同余, 记为 $a \equiv b$. 子集合 $\bar{a} = \{x \in \mathbb{Z} \,|\, x \equiv a\} \subset \mathbb{Z}$ 称为 a 的同余类, 则同余类的集合为 $\mathbb{Z}_m = \{\bar{a} \,|\, \forall a \in \mathbb{Z}\} = \{\bar{0}, \bar{1}, \bar{2}, \cdots, \overline{m-1}\}$.

定义运算:

$$\bar{a} + \bar{b} = \overline{a + b}, \qquad \bar{a} \cdot \bar{b} = \overline{ab}, \qquad \forall a, b \in \mathbb{Z}$$

(需说明该定义是有意义的), 可以验证 $\mathbb{Z}_m = (\mathbb{Z}_m, +, \cdot)$ 关于上述的 "加法" 和 "乘法" 成为一个交换环, 一般称为 $\mathbb{Z}$ 的模 m 剩余类环.

定义 1.2.3 设 A 是一个环, $R \subset A$ 是非空子集. R 称为 A 的一个子环, 如果

(1) $\forall a, b \in R$, 则 $a + b \in R$, $a \cdot b \in R$(因此 A 的运算诱导了 R 上的运算);

(2) $\forall a \in R$, 则 $-a \in R$(推出 $0_A \in R$);

(3) $1_A \in R$.

不难看出, 如果 R 是环 A 的子环, 则 R 关于 A 的 "加法" 和 "乘法" 是一个环. 下面的例子表明, 即便 $R \subset A$ 关于 A 的 "加法" 和 "乘法" 是一个环, 它也不必是一个子环 (因为 1_R 可以不等于 1_A).

例 1.2.4 设 $\mathbb{Z}$ 是整数环, $A = \mathbb{Z} \times \mathbb{Z}$, 定义 A 上的运算:

$$(m, a) + (n, b) = (m + n, a + b), \quad (m, a) \cdot (n, b) = (mn, na + mb + ab).$$

可以验证 A 关于上述运算是一个环, 且 $0_A = (0, 0), 1_A = (1, 0)$. 令

$$R = \{(0, a) \,|\, a \in \mathbb{Z}\} \subset A,$$

则它满足子环定义中的条件 (1) 和 (2), 但显然不满足条件 (3), 所以 R 不是 A 的子环. 另一方面, 不难验证 R 关于 A 的 "加法" 和 "乘法" 是一个环, 它的单位元为 $1_R = (0, 1)$.

例 1.2.5 (环扩张) 设 $R \subset A$ 是 A 的子环, $u \in A$ 满足: $ua = au(\forall a \in R)$. 令 $R[u] \subset A$ 是 A 中包含 R 和 u 的最小子环, 则

$$R[u] = \{a_m u^m + a_{m-1} u^{m-1} + \cdots + a_1 u + a_0 \,|\, a_i \in R, \ m \geqslant 0\}.$$

事实上, 因为 $R[u] \subset A$ 是包含 R 和 u 的子环 (根据定义), 所以 $R[u]$ 包含所有形如 $a_m u^m + a_{m-1} u^{m-1} + \cdots + a_1 u + a_0$ 的元素. 另一方面, 所有形如 $a_m u^m + a_{m-1} u^{m-1} + \cdots + a_1 u + a_0$ 的元素集合 $R' \subset A$ 已经是一个包含 R 和 u 的子环, 所以 $R[u] \subset R'$(因为 $R[u]$ 是 A 中包含 R 和 u 的最小子环). 形如 $a_m u^m + a_{m-1} u^{m-1} + \cdots + a_1 u + a_0$ 的元素称为 (系数在 R 中的)u 的多项式形式, 而 $R[u]$ 称

为由 R 添加 u 生成的环. 同理, 设 $u_1, u_2, \cdots, u_n \in A$ 满足: $u_i a = a u_i$, $u_i u_j = u_j u_i$ ($\forall a \in R$, $1 \leqslant i, j \leqslant n$), 则 A 中包含 R 和 $u_1, u_2, \cdots, u_n$ 的最小子环 (即 由 R 添加 $u_1, u_2, \cdots, u_n$ 生成的环) 等于

$$R[u_1, u_2, \cdots, u_n] = \left\{ 有限和 \sum_{i_1, i_2, \cdots, i_n} a_{i_1 i_2 \cdots i_n} u_1^{i_1} u_2^{i_2} \cdots u_n^{i_n} \mid a_{i_1 i_2 \cdots i_n} \in R \right\}$$

即: 它中的元素都是 (系数在 R 中的)$u_1, u_2, \cdots, u_n$ 的多项式形式.

定义 1.2.4 设 $R \subset A$ 是 A 的子环, $u \in A$ 满足: $ua = au(\forall a \in R)$. 如果 存在不全为 0 的系数 $a_0, a_1, \cdots, a_n \in R$ 使得

$$a_n u^n + a_{n-1} u^{n-1} + \cdots + a_1 u + a_0 = 0,$$

则称 u 是 R 上的代数元, 否则称 u 是 R 上的超越元. 当 u 是 R 上的超越元时, $R[u]$ 称为 R 上的多项式环 (u 称为不定元). 如果 $a_n \neq 0$, 则

$$f(u) = a_n u^n + a_{n-1} u^{n-1} + \cdots + a_1 u + a_0$$

称为 n 次多项式, $\deg(f) := n$ 称为 $f(u)$ 的次数, $a_n u^n$ 和 a_n 分别称为 $f(u)$ 的首项和首项系数.

在第 2 章的第 3 节, 我们将证明任意环 R 都可 "嵌入" 某个环 A 使得 A 包含 R 上的超越元 $x \in A$, 所以对任意环 R(不必是交换环) 都可按上述方式定义多项式环 $R[x]$, 它具有下述重要的带余除法性质.

命题 1.2.1 (带余除法) 设 $f(x), g(x) \in R[x]$ 非零, 如果 $g(x)$ 的首项系数可逆, 则存在唯一的 $q(x), r(x) \in R[x]$ 使得 $f(x) = q(x)g(x) + r(x)$, 其中 $r(x)$ 或者等于零, 或者 $\deg r(x) < \deg(g)$.

证明 设 $f(x) = a_n x^n + \cdots + a_1 x + a_0$, $g(x) = b_m x^m + \cdots + b_1 x + b_0$.
先证明 $q(x), r(x)$ 的存在性.

如果 $\deg(f) < \deg(g)$, 取 $q(x) = 0$, $r(x) = f(x)$ 即可. 否则, 令 $q_1(x) = a_n b_m^{-1} x^{n-m}$, $f_1(x) = f(x) - q_1(x)g(x)$ (消去 $f(x)$ 的首项), 得 $\deg(f_1) < \deg(f)$. 如果 $\deg(f_1) < \deg(g)$, 取 $q(x) = q_1(x)$, $r(x) = f_1(x)$ 即可. 否则, 利用 $g(x)$ 继续消去 $f_1(x)$ 的首项得 $f_2(x) := f_1(x) - q_2(x)g(x)$, 且 $\deg(f_2) < \deg(f_1)$. 经过有限次消去首项可得 $f_1(x) = f(x) - q_1(x)g(x)$, $f_2(x) = f_1(x) - q_2(x)g(x)$, $\cdots$, $f_k(x) = f_{k-1}(x) - q_k(x)g(x)$ 使得

$$\deg(f_k) < \deg(g).$$

所以 $f(x) = (q_1(x) + q_2(x) + \cdots + q_k(x))g(x) + f_k(x)$, 令 $r(x) = f_k(x)$, $q(x) = q_1(x) + q_2(x) + \cdots + q_k(x)$ 即可.

下面我们证明 $q(x)$, $r(x)$ 的唯一性.

如果 $a(x)$, $b(x) \in R[x]$ 也满足: $f(x) = a(x)g(x) + b(x)$, 其中 $b(x)$ 或者等于零, 或者 $\deg b(x) < \deg(g)$, 则 $r(x) - b(x) = (a(x) - q(x))g(x)$. 所以 $r(x) - b(x) = 0$ (否则 $\deg(a(x) - q(x))g(x) = \deg(r(x) - b(x)) < \deg(g)$, 但这是不可能的! 因为, 利用 $g(x)$ 的首项系数可逆这一条件, 可得 $\deg(a(x) - q(x))g(x) \geqslant \deg(g)$). 又因为 $g(x)$ 的首项系数可逆, 从 $(a(x) - q(x))g(x) = 0$ 可得 $a(x) - r(x) = 0$. □

注记 同理可证: 存在唯一的 $h(x)$, $d(x) \in R[x]$ 使得

$$f(x) = g(x)h(x) + d(x),$$

其中 $d(x)$ 或者等于零, 或者 $\deg d(x) < \deg g(x)$.

习 题 1.2

1.2.1 设 R 是一个环, 试证明下述结论:

(1) (加法消去律) 如果 $a + c = b + c$, 则 $a = b$;

(2) $\forall a \in R$, 有 $a \cdot 0_R = 0_R$;

(3) $-(-a) = a$, $a(b - c) = ab - ac$ $(\forall a, b, c \in R)$;

(4) $-(a + b) = (-a) + (-b)$ $(\forall a, b \in R)$;

(5) $a(-b) = (-a)b = -(ab)$ $(\forall a, b \in R)$;

(6) $(-a)(-b) = ab$ $(\forall a, b \in R)$;

(7) $\forall a \in R$, $m, n \in \mathbb{Z}$, 有 $(m + n)a = ma + na$, $(mn)a = m(na)$;

(8) $\forall a, b \in R$, $n \in \mathbb{Z}$, 有 $n(a + b) = na + nb$, $n(ab) = a(nb)$;

(9) $\forall a, b \in R$, $m, n \in \mathbb{Z}$, 有 $(ma) \cdot (nb) = mn(a \cdot b) = (mna) \cdot b$;

(10) (二项式定理) $\forall a, b \in R$, 设 $ab = ba$, n 是正整数, 则

$$(a + b)^n = \sum_{i=0}^{n} \binom{n}{i} a^{n-i}b^i.$$

1.2.2 假设集合 R 上有两个运算, 除加法的交换律外满足环的所有其他公理. 利用分配律证明: 加法是交换的 (从而 R 是环).

1.2.3 设 X 是集合, $P(X)$ 表示 X 的所有子集形成的集合, 在 $P(X)$ 上定义 "加法" 和 "乘法": $A + B = A \cup B - A \cap B$, $A \cdot B = A \cap B$. 证明: 在这些运算下 $P(X)$ 是一个环, 且 $2A = 0$ $(\forall A \in P(X))$.

1.2.4 设 R 是一个环, $S \subset R$ 是一个非空子集. 试证明

$$C(S) := \{ a \in R \mid ax = xa, \forall x \in S \}$$

是 R 的一个子环.

1.2.5 证明: 如果在环 R 中 $1 - ab$ 可逆, 则 $1 - ba$ 也可逆.

1.2.6 如果环 R 满足条件: $\forall x \in R$, $x^2 = x$, 证明 R 是交换环.

1.2.7 (华罗庚恒等式) 设 a, b 是环 R 中的元素. 如果 $a, b, ab - 1$ 可逆, 证明 $a - b^{-1}$, $(a - b^{-1})^{-1} - a^{-1}$ 也可逆, 且有下列恒等式:

$$\left((a - b^{-1})^{-1} - a^{-1}\right)^{-1} = aba - a.$$

1.2.8 (多项式矩阵的带余除法) 设 $A \in M_n(K)$ 是一个给定的 n 阶矩阵. 对任意多项式矩阵 $A(x) \in M_{n \times m}(K[x])$, 证明存在唯一的 $B(x) \in M_{n \times m}(K[x])$, $R \in M_{n \times m}(K)$ 使得 $A(x) = (xI_n - A)B(x) + R$.

1.2.9 设 $m > 0$ 是任意整数, $\mathbb{Z}_m = \left\{ \bar{0}, \bar{1}, \cdots, \overline{m-1} \right\}$ 是 $\mathbb{Z}$ 的模 m 剩余类环. 试证明: $\bar{a} \in \mathbb{Z}_m$ 可逆当且仅当 $(a, m) = 1$ (即: a 与 m 互素).

1.2.10 设 R 是仅有 n 个元素的环, 试证明对任意 $a \in R$ 有

$$na := \underbrace{a + a + \cdots + a}_{n} = 0.$$

1.2.11 环 R 中非零元 x 称为幂零元, 若存在 $n > 0$ 使 $x^n = 0$. 证明:
(1) 如果 x 是幂零元, 则 $1 - x$ 是可逆元;
(2) $\mathbb{Z}_m$ 有幂零元当且仅当 m 可以被一个大于 1 的整数的平方整除.

1.2.12 设 R 是一个环, 如果 $(xy)^2 = x^2y^2$ $(\forall\, x, y \in R)$, 则 R 是交换环.

1.2.13 如果环 R 满足条件: $x^6 = x$ $(\forall\, x \in R)$. 证明:
(1) $x^2 = x$ $(\forall\, x \in R)$;
(2) R 是一个交换环.

1.3 群 的 定 义

在给出群的抽象定义之前, 我们先介绍一个例子, 它实际上也是抽象群概念的主要来源.

例 1.3.1 设 S 是一个非空集合, $\mathrm{End}(S) = \left\{ S \xrightarrow{f} S \mid f \text{ 是映射} \right\}$ 表示 S 与 S 之间所有映射的集合, 则映射合成定义了 $\mathrm{End}(S)$ 的一个运算:

$$\mathrm{End}(S) \times \mathrm{End}(S) \to \mathrm{End}(S), \quad (f, g) \mapsto f \cdot g,$$

即: $\forall x \in S$, $f \cdot g(x) = f(g(x))$. 不难验证该运算满足
(1) (结合律) $(f \cdot g) \cdot h = f \cdot (g \cdot h)$, $\quad \forall\, f, g, h \in \mathrm{End}(S)$;

(2) (单位元存在性)　如果 $e: S \to S$ 是恒等映射, 则

$$e \cdot f = f \cdot e = f, \quad \forall f \in \mathrm{End}(S).$$

令 $\mathrm{Aut}(S) = \{f \in \mathrm{End}(S) \mid f \text{ 是双射}\} \subset \mathrm{End}(S)$ 是所有双射组成的子集, 则映射合成诱导了 $\mathrm{Aut}(S)$ 的运算, 且满足下面三个条件:

(1) (结合律)　$(f \cdot g) \cdot h = f \cdot (g \cdot h), \quad \forall f, g, h \in \mathrm{Aut}(S)$;

(2) (单位元存在性)　如果 $e: S \to S$ 是恒等映射, 则

$$e \cdot f = f \cdot e = f, \quad \forall f \in \mathrm{Aut}(S);$$

(3) (元素可逆)　$\forall f \in \mathrm{Aut}(S)$, 存在可逆映射 $f^{-1} \in \mathrm{Aut}(S)$ 使得

$$f \cdot f^{-1} = f^{-1} \cdot f = e.$$

按照即将给出的定义, 代数系统 $\mathrm{End}(S) = (\mathrm{End}(S), \cdot)$ 是一个**幺半群**, 而代数系统 $\mathrm{Aut}(S) = (\mathrm{Aut}(S), \cdot)$ 则是一个**群**.

定义 1.3.1　设 $G = (G, \cdot)$ 是带有一个二元运算的代数系统, 如果该运算满足:

(1) (结合律)　$(a \cdot b) \cdot c = a \cdot (b \cdot c), \quad \forall a, b, c \in G$;

(2) (单位元存在性)　存在元素 $e \in G$ 使得 $a \cdot e = e \cdot a = a, \quad \forall a \in G$,

则称 $G = (G, \cdot)$ 是一个**幺半群**.

如果一个幺半群 $G = (G, \cdot)$ 还满足

(3) (元素可逆)　$\forall a \in G$, 存在 $b \in G$ 使 $a \cdot b = b \cdot a = e$,

则称幺半群 $G = (G, \cdot)$ 是一个**群**.

如果群 $G = (G, \cdot)$ 还满足

(4) (交换律)　$a \cdot b = b \cdot a, \quad \forall a, b \in G$,

则称群 $G = (G, \cdot)$ 是**交换群**或**阿贝尔群 (Abel 群)**.

注记　(1) 满足定义中公理 (2) 的元素 e 是唯一的: 如果有 $e_1, e_2 \in G$ 满足公理 (2), 则 $e_2 = e_1 \cdot e_2 = e_1$, 所以公理 (2) 的元素 e 称为 G 的单位元 (有时记为 1_G, 甚至记为 1).

(2) 对给定的 $a \in G$, 公理 (3) 中的 $b \in G$ 是唯一的: 如果有 $b, c \in G$ 满足 $b \cdot a = a \cdot b = e, c \cdot a = a \cdot c = e$, 则 $b = b \cdot e = b \cdot (a \cdot c) = (b \cdot a) \cdot c = e \cdot c = c$. 因此, 公理 (3) 中的 $b \in G$ 称为 a 的逆 (或 a 的逆元), 记为 $b = a^{-1}$.

例 1.3.2　如果 $R = (R, +, \cdot)$ 是一个环, 则 $R = (R, +)$ 关于 "加法" 运算成为一个交换群 (Abel 群)(通常称为环 R 的加法群), 而 $R = (R, \cdot)$ 关于 "乘法" 运算成为一个幺半群 (通常称为环 R 的乘法半群), 但非零元集合 R^* 关于 "乘法"

甚至都不封闭, 例如 $M_n(\mathbb{R})$. 即使 R^* 关于 "乘法" 封闭, 但 R^* 中元可以没有逆元, 例如 $R = \mathbb{Z}$, $R = \mathbb{F}[x]\,(x \in \mathbb{F}[x]$ 不可逆).

例 1.3.3 如果 $R = (R, +, \cdot)$ 是一个域, 则它的非零元集合 $R^* = (R^*, \cdot)$ 关于 "乘法" 是一个交换群 (但 $R = (R, \cdot)$ 关于 "乘法" 不是一个群! 因为 $0_R \in R$ 关于 "乘法" 不可逆!). 所以域可以定义为: 环 $R \neq 0$ 称为域, 如果它的非零元素集合 R^* 关于 "乘法" 是一个交换群.

定义 1.3.2 设 G 是一个群, $H \subset G$ 是一非空子集. 如果 H 关于 G 的运算成为一个群, 则称 H 是 G 的一个子群. 即: H 满足下列条件

(1) $\forall a, b \in H$, 必有 $a \cdot b \in H$;

(2) $\forall a \in H$, 必有 $a^{-1} \in H$.

例 1.3.4 设 $GL_n(\mathbb{R}) \subset M_n(\mathbb{R})$ 表示所有可逆矩阵的集合, 则 $GL_n(\mathbb{R})$ 关于矩阵的乘法成为一个群 (称为一般线性群). 而

$$SL_n(\mathbb{R}) = \{A \in GL_n(\mathbb{R}) \mid \det A = 1\}$$

(称为特殊线性群), $O_n(\mathbb{R}) = \{A \in GL_n(\mathbb{R}) \mid {}^tA \cdot A = I_n\}$ (称为正交群) 都是 $GL_n(\mathbb{R})$ 的子群. 事实上, 如果 R 是一个交换环, 则

$$GL_n(R) = \{\, A \in M_n(R) \mid \det A \in U(R) \,\}$$

关于矩阵的乘法也是一个群, $SL_n(R) = \{A \in M_n(R) \mid \det A = 1_R\}$ 和 $O_n(R) = \{A \in GL_n(R) \mid {}^tA \cdot A = I_n\}$ 都是 $GL_n(R)$ 的子群.

定义 1.3.3 (变换群) 设 S 是一个非空集合, $\mathrm{Aut}(S) = \left\{S \xrightarrow{f} S \mid f \text{ 是双射}\right\}$ 关于 "映射的合成" 成为一个群, 它的所有子群 (包括它自己) 称为集合 S 的变换群.

当 S 取不同类型的集合 (比如有限集合) 或者 S 带有不同的 "结构" 时, $\mathrm{Aut}(S)$ 中保持 "结构" 不变的双射往往组成有趣的子群. 例如, 当 $S = \mathbb{R}^n$ 是 n 维标准欧氏空间时, $\mathrm{Aut}(S)$ 中所有保持 "向量长度" 不变的双射组成一个子群 (称为保距变换群). 事实上, 我们下一节将证明*每一个群都同构于某个集合上的变换群*.

例 1.3.5 当 S 是具有 n 个元素的有限集时, 无妨设 $S = \{1, 2, \cdots, n\}$, $\forall f \in \mathrm{Aut}(S)$, 则 $f(1), f(2), \cdots, f(n)$ 是 $1, 2, \cdots, n$ 的一个排列, 可记为

$$f = \begin{pmatrix} 1, & 2, & 3, & \cdots, & n \\ f(1), & f(2), & f(3), & \cdots, & f(n) \end{pmatrix} = \begin{pmatrix} 1, & 2, & \cdots, & n \\ i_1, & i_2, & \cdots, & i_n \end{pmatrix}$$

称为 n 个元素的一个置换. 此时 $\mathrm{Aut}(S)$ 记为 S_n, 称为 n 个元素的置换群 (或 n 个元素的对称群).

设 G 是一个群, $\forall a \in G$, $n > 0$, 令: $a^n = \overbrace{a \cdot \cdots \cdot a}^{n \text{ 个 } a \text{ 相乘}}$, $a^0 = e$, $a^{-n} = (a^{-1})^n$. $\forall a, b, c \in G$, 不难验证:

(1) $(ab)^{-1} = b^{-1}a^{-1}$, $(a^{-1})^{-1} = a$;

(2) 如果 $a \cdot b = b \cdot a$, 则对任意整数 n, 有 $(ab)^n = a^n b^n$;

(3) 对任意整数 m, n, 有 $a^{m+n} = a^m \cdot a^n$, $a^{mn} = (a^m)^n$.

例 1.3.6 设 G 是一个群, $a \in G$, 则 $\langle a \rangle = \{a^m \mid m \in \mathbb{Z}\} \subset G$ 是 G 的一个子群, 称为由元素 a 生成的循环子群.

定义 1.3.4 群 G 中元素的个数称为群 G 的阶, 记为 $|G|$. 如果 $|G| < +\infty$, 则 G 称为有限群, 否则称为无限群. G 中元素 a 的阶定义为 $|\langle a \rangle|$.

定义 1.3.5 群 G 称为循环群, 如果存在 $a \in G$ 使 $G = \langle a \rangle$.

例 1.3.7 全体整数的集合 $\mathbb{Z}$ 关于整数加法是一个交换群, 它可由 1 或 -1 生成, 即 $\mathbb{Z} = \langle 1 \rangle = \langle -1 \rangle$ 是无限循环群, 每个非零元都是无穷阶元. 设 $\mathbb{Z}_n$ 是例 1.2.3中$\mathbb{Z}$ 的模 n 剩余类环, 则它的加法群是一个 n 阶循环群.

习 题 1.3

1.3.1 设 G 是一个群, 对于任意的 $a, b \in G$, 证明 ab 的阶和 ba 的阶相等.

1.3.2 设 R 是一个环, $U(R)$ 表示 R 中所有可逆元集合, 试证明: $U(R)$ 关于环 R 的乘法是一个群 (称为 R 的单位群).

1.3.3 证明除了单位元之外所有元素的阶都是 2 的群一定是交换群.

1.3.4 令 $C(\mathbb{R}) = \left\{ \text{所有连续函数}: \mathbb{R} \xrightarrow{f} \mathbb{R} \right\}$, $\forall f, g \in C(\mathbb{R})$,

$$f + g \in C(\mathbb{R}), \quad f \cdot g \in C(\mathbb{R})$$

定义: $\forall x \in \mathbb{R}$, $(f+g)(x) = f(x) + g(x)$, $(f \cdot g)(x) = f(g(x))$, 证明 $(C(\mathbb{R}), +)$ 是交换群. $(C(\mathbb{R}), +, \cdot)$ 是否为环?

1.3.5 写出对称群 S_3 的乘法表.

1.3.6 证明: 一个群 G 不会是两个真子群 (不等于 G 的子群) 的并.

1.3.7 一个非空集合 G 带有满足结合律的 "乘法" 运算, 我们称之为半群. 如果 G 是一个半群, 且满足如下性质:

(1) G 含有右单位元 1_r (即: $a \cdot 1_r = a$, $\forall a \in G$);

(2) G 中的每个元素 a 有右逆 (即: 存在 $b \in G$, 使得 $a \cdot b = 1_r$).

试证明: G 是一个群.

1.3.8 证明: 半群 G 是群的充要条件是: $\forall a, b \in G$, $ax = b$ 和 $ya = b$ 都有唯一解.

1.3.9 证明:

(1) 在群中左右消去律都成立: 如果 $ax = ay$, 则 $x = y$; 如果 $xa = ya$, 则 $x = y$.

(2) 左右消去律都成立的有限半群一定是群.

1.3.10 证明: 偶数阶有限群 G 中必有 2 阶元.

1.3.11 证明: $GL_2(\mathbb{R})$ 中的元素 $x = \begin{pmatrix} 0 & 1 \\ -1 & 0 \end{pmatrix}$, $y = \begin{pmatrix} 0 & 1 \\ -1 & -1 \end{pmatrix}$ 的阶分别是 4 和 3. 但 xy 是无限阶元.

1.3.12 证明群的任意多个子群的交仍是子群.

1.4 同态与同构

在一个集合上通常可以构造很多看起来不一样的代数系统使得它们都满足群、环、域的公理.

设 $X = (X, +, \cdot)$, $f: Y \to X$ 是一个双射, $f^{-1}: X \to Y$ 是 f 的逆映射. 定义 Y 上的运算: $\forall y_1, y_2 \in Y$,

$$y_1 \oplus y_2 = f^{-1}(f(y_1) + f(y_2)), \quad y_1 \star y_2 = f^{-1}(f(y_1) \cdot f(y_2)),$$

则 $Y = (Y, \oplus, \star)$ 是一个环 (域) 当且仅当 $X = (X, +, \cdot)$ 是一个环 (域), $Y = (Y, \star)$ 是一个群当且仅当 $X = (X, \cdot)$ 是一个群. 显然

$$f(y_1 \oplus y_2) = f(y_1) + f(y_2), \qquad f(y_1 \star y_2) = f(y_1) \star f(y_2)$$

对不同的双射 f, 可以构造不同的代数系统. 但在抽象代数中, 这些代数系统都被认为是同构的.

定义 1.4.1 设 $G = (G, \cdot)$, $G' = (G', \star)$ 是两个群, 映射 $\varphi: G \to G'$ 称为一个群同态 (或简称同态), 如果 $\varphi(a \cdot b) = \varphi(a) \star \varphi(b)$, $\forall a, b \in G$. 群同态 $\varphi: G \to G'$ 称为同构, 如果 φ 是双射 (此时称 G 和 G' 同构, 记为 $G \simeq G'$).

例 1.4.1 设 k 是一个域, $k^* = k \setminus \{0\}$ 是由非零元组成的乘法群, 则

$$\det: GL_n(k) \to k^*, \quad A \mapsto \det(A) = |A|$$

是群同态.

例 1.4.2 设 G 是一个群, $a \in G$, 则映射 $\varphi: \mathbb{Z} \to \langle a \rangle$, $\varphi(n) = a^n$ 是一个群同态 ($\mathbb{Z}$ 是整数加法群), 且 φ 是同构当且仅当 a 是无穷阶元. 所以无限循环群都同构于整数加法群 $\mathbb{Z}$. 若 $G = \langle a \rangle$ 是一个 n 阶循环群, 则映射 $\mathbb{Z}_n \to G$, $\bar{m} \mapsto a^m$ 是一个群同构.

定义 1.4.2 设 $R = (R, +, \cdot)$, $R' = (R', \oplus, \star)$ 是环, 映射 $R \overset{\varphi}{\to} R'$ 称为环同态 (经常简称同态). 如果

(1) $\varphi(a + b) = \varphi(a) \oplus \varphi(b)$, $\varphi(a \cdot b) = \varphi(a) \star \varphi(b)$, $\forall a, b \in R$;

(2) $\varphi(1_R) = 1_{R'}$.

环同态 $R \overset{\varphi}{\to} R'$ 称为同构, 如果 φ 是双射 (此时称 R 与 R' 同构, 记为 $R \simeq R'$). 特别当 $(R, +, \cdot) = (R', \oplus, \star)$ 时, 它们之间的同态、同构分别称为自同态、自同构.

命题 1.4.1 设 $\varphi : G \to G'$ 是群同态, $e \in G$, $e' \in G'$ 是单位元. 则

(1) $\varphi(e) = e'$, $\varphi(a^{-1}) = \varphi(a)^{-1}$;

(2) 如果 φ 是单射 (称为单同态), 则它的像 $\varphi(G) \subset G'$ 是 G' 的子群且 $\varphi : G \to \varphi(G)$ 是同构;

(3) 群同态的合成仍是群同态 (因此同构的合成仍是同构);

(4) 如果 φ 是同构, 则逆映射 $\varphi^{-1} : G' \to G$ 也是同构.

设 $\varphi : R \to R'$ 是环同态, 则有如下类似的结论:

(5) $\varphi(0_R) = 0_{R'}$, $\varphi(-a) = -\varphi(a)$, $\varphi(a^{-1}) = \varphi(a)^{-1}$ (当 a 可逆时);

(6) 如果 φ 是单射 (称为单同态), 则它的像 $\varphi(R) \subset R'$ 是 R' 的子环且 $\varphi : R \to \varphi(R)$ 是同构;

(7) 环同态的合成仍是环同态 (因此同构的合成仍是同构);

(8) 如果 φ 是同构, 则逆映射 $\varphi^{-1} : R' \to R$ 也是同构;

(9) 当 R 是一个域, $R' \neq 0$, 则任意环同态 $\varphi : R \to R'$ 必为单同态.

证明 (1) 由 $e = e^2$ 得 $\varphi(e) = \varphi(e^2) = \varphi(e) \star \varphi(e)$. 因此

$$e' = \varphi(e)^{-1} \star \varphi(e) = \varphi(e)^{-1} \star (\varphi(e) \star \varphi(e)) = e' \star \varphi(e) = \varphi(e).$$

$\forall a \in G$, 由 $e = a \cdot a^{-1}$, 得 $e' = \varphi(e) = \varphi(a) \star \varphi(a^{-1})$. 所以 $\varphi(a^{-1}) = \varphi(a)^{-1}$.

(2) $\forall \varphi(a), \varphi(b) \in \varphi(G)$, 则 $\varphi(a) \star \varphi(b) = \varphi(a \cdot b) \in \varphi(G)$, $\varphi(a)^{-1} = \varphi(a^{-1}) \in \varphi(G)$. 根据子群和同构的定义, $\varphi(G)$ 是 G' 的一个子群且 $\varphi : G \to \varphi(G)$ 是一个同构.

(4) 只需证明: $\varphi^{-1}(x \star y) = \varphi^{-1}(x) \cdot \varphi^{-1}(y)$ ($\forall x, y \in G'$). 由于 φ 是单射, 只需证明它们在 φ 下像相等即可. 利用 φ 是同态可得: $\varphi(\varphi^{-1}(x) \cdot \varphi^{-1}(y)) = x \star y = \varphi(\varphi^{-1}(x \star y))$.

(9) $\forall a \in R$, 如果 $a \neq 0_R$, 只需证明 $\varphi(a) \neq 0_{R'}$. 这可由下式推出:

$$\varphi(a^{-1}) \star \varphi(a) = \varphi(a^{-1} \cdot a) = \varphi(1_R) = 1_{R'} \neq 0_{R'}.$$

其他结论的证明大同小异, 留给读者作为练习. $\qquad \square$

注记   (1) 在讨论同态 $\varphi : R \to R'$ 时, 我们将用同样的符号表示 R, R' 上的运算. 例如, $\varphi(a+b) = \varphi(a) + \varphi(b)$, $\varphi(ab) = \varphi(a)\varphi(b)$ 等.

(2) 环同态 $R \overset{\varphi}{\to} R'$ 的定义中, 条件 (2) (即 $\varphi(1_R) = 1_{R'}$) 不能由条件 (1) 推出 (参见例 1.2.4).

设 V 是非空集合, $\text{End}(V) = \left\{ V \overset{f}{\to} V \mid f \text{ 是映射} \right\}$ 表示 V 与 V 之间所有映射的集合. 在上一节我们已经知道 $\text{End}(V)$ 关于映射的合成成为一个幺半群 $\text{End}(V) = (\text{End}(V), \cdot)$. 如果在 V 上有一个加法使得 $V = (V, +)$ 成为一个交换群 (亦称加法群), 在 $\text{End}(V)$ 上定义加法:

$$\forall f, g \in \text{End}(V), \quad f + g : V \to V, \quad v \mapsto f(v) + g(v),$$

则 $(\text{End}(V), +)$ 是一个交换群. 遗憾的是, $\text{End}(V) = (\text{End}(V), +, \cdot)$ 不是一个环 (分配律不满足), 它仅在群自同态的子集上是一个环.

例 1.4.3 (自同态环) 设 $\text{Hom}(V) \subset \text{End}(V)$ 是加法群 $V = (V, +)$ 的所有群自同态的集合, 则 $\text{Hom}(V) = (\text{Hom}(V), +, \cdot)$ 是一个环, 称为加法群 $V = (V, +)$ 的自同态环.

如果还存在域 K 在 V 的一个数乘法 $K \times V \to V$ 使得加法群 $V = (V, +)$ 成为一个 n 维 K-线性空间, 则所以 K-线性映射的集合 $\text{Hom}_K(V) \subset \text{Hom}(V)$ 是一个子环.

取定 V 的一组基 $e_1, e_2, \cdots, e_n$, $\forall \mathcal{A} \in \text{Hom}_K(V)$, 令 $(\mathcal{A}e_1, \mathcal{A}e_2, \cdots, \mathcal{A}e_n) = (e_1, e_2, \cdots, e_n)A$, 则 $\mathcal{A} \mapsto A$ 定义了一个环同构 $\text{Hom}_K(V) \cong M_n(K)$.

例 1.4.4 设 $\text{Hom}(\mathbb{Z})$ 是整数加法群的自同态环, 则映射

$$\varphi : \text{Hom}(\mathbb{Z}) \to \mathbb{Z}, \quad \varphi(f) = f(1) \in \mathbb{Z}, \quad \forall f \in \text{Hom}(\mathbb{Z})$$

是一个环同构 (右边的 $\mathbb{Z}$ 代表整数环).

最后我们证明: 任何一个群都与某个集合上的变换群同构, 任何一个环都同构于某个自同态环的子环.

定理 1.4.1 (1) 设 G 是一个群, $\text{Aut}(G)$ 是集合 G 的所有双射组成的变换群, 则群 G 必同构于 $\text{Aut}(G)$ 的一个子群;

(2) 设 R 是一个环, $\text{Hom}(R)$ 是加法群 $R = (R, +)$ 的自同态环, 则环 R 必同构于 $\text{Hom}(R)$ 的一个子环.

证明 (1) 任取 $a \in G$, 令映射 $\varphi_a : G \to G$ 定义为 $\varphi_a(b) = ab$ ($\forall b \in G$). 不难验证 $\varphi_a : G \to G$ 是双射 (即: $\varphi_a \in \text{Aut}(G)$), 所以 $a \mapsto \varphi_a$ 定义了一个映射 $\varphi : G \to \text{Aut}(G)$. 直接验证 $\varphi : G \to \text{Aut}(G)$ 是一个群单同态, 从而 G 构于 $\text{Aut}(G)$ 的一个子群 (即 φ 的像 $\varphi(G)$).

(2) 同理, 对任意 $a \in R$, 映射 $\varphi_a : R \to R$ 定义为 $\varphi_a(x) = ax$ ($\forall x \in R$), 则 $\varphi_a : R \to R$ 是加法群 $(R, +)$ 的同态. 可以验证: 映射 $\varphi : R \to \mathrm{Hom}(R)$, $\varphi(a) = \varphi_a$ ($\forall a \in G$), 是一个环单同态, 所以 R 同构于 $\mathrm{Hom}(R)$ 的一个子环 (即 φ 的像 $\varphi(R)$). $\qquad\square$

习 题 1.4

1.4.1 设 $\varphi : G \to G'$ 是群同态, 试证明:

(1) $\ker(\varphi) := \{ g \in G \mid \varphi(g) = e' \}$ ($e' \in G'$ 表示的单位元) 是 G 的子群 (称为群同态 φ 的核);

(2)
$$\varphi(G) = \{ \varphi(g) \mid \forall\, g \in G \} \subset G'$$
是 G' 的子群 (称为群同态 φ 的像).

1.4.2 令 G 是函数 $f(x) = \dfrac{1}{x}$, $g(x) = \dfrac{x-1}{x}$ 关于函数的合成生成的一个群 (即群乘法为函数合成), 证明 G 同构于 S_3.

1.4.3 设 $R \overset{\varphi}{\to} R'$ 是环同态, 证明集合 $\ker(\varphi) = \{ x \in R \mid \varphi(x) = 0_{R'} \}$ 满足:

(1) $\ker(\varphi)$ 是 $(R, +)$ 的子群;

(2) $\forall a \in \ker(\varphi), x \in R$ 有 $ax \in \ker(\varphi)$, $xa \in \ker(\varphi)$.
($\ker(\varphi)$ 称为环同态 φ 的核.)

1.4.4 设 K 是一个域, $\phi : K[x] \to K[x]$ 是 K 的多项式环之间的环自同态. 如果对于任意的 $k \in K$, $\phi(k) = k$, 试证明: ϕ 是满同态的充分必要条件是存在 $a, b \in K (a \neq 0)$ 使得 $\phi(x) = ax + b$.

1.4.5 证明实数的加法群 $(\mathbb{R}, +)$ 和正实数的乘法群 $(\mathbb{R}_{>0}, \cdot)$ 同构.

1.4.6 证明有理数的加法群 $(\mathbb{Q}, +)$ 和正有理数的乘法群 $(\mathbb{Q}_{>0}, \cdot)$ 不同构.

1.4.7 证明有理数域 $\mathbb{Q}$ 和实数域 $\mathbb{R}$ 的自同构都只有恒等映射.

1.4.8 证明: $\mathbb{Q}[\sqrt{2}] = \{ a + b\sqrt{2} \mid a, b \in \mathbb{Q} \}$, $\mathbb{Q}[\sqrt{5}] = \{ a + b\sqrt{5} \mid a, b \in \mathbb{Q} \}$ 都是 $\mathbb{R}$ 的子域. 它们是同构的域吗?

1.4.9 设 K, L 是两个域, 如果 L 是 K 的子域, 则 K 称为 L 的扩域, $K \supset L$ 称为域扩张, 试证明:

(1) 域的加法和乘法使得 K 是一个 L-向量空间 ($[K : L] = \dim_L(K)$ 称为域扩张 $K \supset L$ 的次数);

(2) 如果 $K \supset \mathbb{R}$ 是一个二次扩张 (即 $[K : \mathbb{R}] = 2$), 则 K 必同构于复数域 $\mathbb{C}$.

1.4.10 设 d 是一个非零整数, 且 $\sqrt{d} \notin \mathbb{Q}$. 证明:
$$\mathbb{Q}[\sqrt{d}] = \{ a + b\sqrt{d} \mid a, b \in \mathbb{Q} \} \supset \mathbb{Q}$$

是一个二次扩张 ($d < 0$ 时, $\mathbb{Q}[\sqrt{d}]$ 称为虚二次域, $d > 0$ 时称为实二次域).

1.4.11 设 $L \supset K$ 是一个域扩张, 证明: 下述集合

$$\mathrm{Gal}(L/K) = \left\{ L \xrightarrow{\sigma} L \,\middle|\, \sigma \text{ 是域同构, 且 } \sigma(a) = a \text{ 对任意 } a \in K \text{ 成立} \right\}$$

关于映射的合成是一个群 (称为域扩张 $L \supset K$ 的伽罗瓦群).

1.4.12 求 $\mathrm{Gal}\left(\mathbb{Q}[\sqrt{d}]/\mathbb{Q}\right)$, 此处 $d \in \mathbb{Z}$, $\sqrt{d} \notin \mathbb{Q}$.

1.4.13 设 $V = (V, +)$ 是一个加法群, $\mathrm{Hom}(V)$ 表示它的自同态环. 对任意域 K, 如果存在一个数乘运算 $K \times V \to V$, $(\lambda, v) \mapsto \lambda \cdot v$, 使得加法群 $V = (V, +)$ 成为一个 K-线性空间, 则称该数乘运算是加法群 $V = (V, +)$ 上的一个 K-线性空间结构. 试证明:

(1) 如果存在一个环同态 $\varphi : K \to \mathrm{Hom}(V)$, 则数乘运算

$$K \times V \to V, \quad (\lambda, v) \mapsto \lambda \cdot v := \varphi(\lambda)(v)$$

是 V 上的一个 K-线性空间结构;

(2) 如果在 V 上存在 K-线性空间结构 $\phi : K \times V \to V$, 则映射

$$\varphi : K \to \mathrm{Hom}(V), \quad \lambda \mapsto \phi(\lambda, \cdot)$$

是一个环同态, 其中 $\phi(\lambda, \cdot) : V \to V$ 定义为 $v \mapsto \phi(\lambda, v) := \lambda \cdot v$;

(3) 对任意域 K, 整数加法群 $\mathbb{Z} = (\mathbb{Z}, +)$ 上不存在 K-线性空间结构.

1.4.14 证明: 在整数集合 $\mathbb{Z}$ 上存在运算 $\mathbb{Z} \times \mathbb{Z} \to \mathbb{Z}, (a, b) \mapsto a \oplus b$, 使得 $(\mathbb{Z}, \oplus)$ 是一个交换群, 但它与整数加法群 $(\mathbb{Z}, +)$ 不同构. **提示**: 利用 $\mathbb{Q}$ 是可数集和上题中的问题 (3).

思维导图 1

第 2 章　唯一分解整环

在整数环 $\mathbb{Z}$ 中, 每个整数均可唯一分解成有限个素数之积. 该唯一分解定理亦称为算术基本定理, 它实际上等价于如下两个定理:

(1) 如果一个素数整除两个整数之积, 则它必整除其中一个整数;

(2) 任何两个整数必有最大公因数.

同样的结论对于域上的多项式环 $K[x]$ 也成立 (只需将素数换成不可约多项式). 是否还有其他满足类似唯一分解定理的环？如果 $\mathbb{Z}[\xi_p]$ 是由整数环 $\mathbb{Z}$ 添加 p 次本原单位根 ξ_p 生成的环, 库默尔 (Kummer)1843 年证明, 如果 $\mathbb{Z}[\xi_p]$ 满足唯一分解定理, 则 $x^p + y^p = z^p$ 没有非平凡整数解. 遗憾的是 $\mathbb{Z}[\xi_p]$ 并不总满足唯一分解定理, 柯西 (Cauchy)1847 年证明了 $\mathbb{Z}[\xi_{23}]$ 不满足唯一分解定理, 因此我们将满足唯一分解定理的环称为唯一分解整环 (简称 UFD). 虽然解决尺规作图及根式解问题仅需域上多项式环 $K[x]$ 的唯一分解定理, 但一般环上的讨论并不增加本质困难. 以此为契机, 我们在第 1 节介绍环的最基本知识, 第 2 节证明主理想整环是唯一分解整环, 第 3 节, 第 4 节分别讨论单变量和多变量多项式环.

2.1　环论基本概念

与整数环和域上多项式环不同, 在一般的环 R 中可能存在非零元 $a, b \in R$ 使得 $ab = 0$ 或 $ba = 0$(例如矩阵环).

定义 2.1.1 (零因子)　设 $a, b \in R$, 如果 $a \neq 0$, $b \neq 0$ 但 $ab = 0$ 或 $ba = 0$, 则称 a, b 是 R 的零因子.

定义 2.1.2 (整环)　无零因子的非零交换环 R 称为整环 (integral domain). 即: $R \neq 0$ 且 $\forall a, b \in R$, $a \neq 0, b \neq 0$, 必有 $ab = ba \neq 0$.

定义 2.1.3 (除环)　R 称为除环 (division ring), 如果其非零元的集合 R^* 关于 R 的乘法成为一个群 (即：每个非零元都可逆).

除环与域的定义仅相差一个乘法交换律, 除环是否一定满足交换律呢？哈密顿 (W. R. Hamilton) 在 1843 年首先构造了一个非交换的除环 (俗称四元数环):

$$\mathbb{H} = \left\{ \begin{pmatrix} z & -w \\ \bar{w} & \bar{z} \end{pmatrix} \mid z, w \in \mathbb{C} \right\} \subset M_2(\mathbb{C}),$$

其中 $\bar{z} = a - b\sqrt{-1}$ 表示复数 $z = a + b\sqrt{-1}$ 的共轭. 可以验证 $\mathbb{H}$ 是矩阵环 $M_2(\mathbb{C})$ 的子环, 且每个非零元均可逆. 如果 $\lambda \in \mathbb{C}$ 不是实数, $z \neq 0$, 则

$$\lambda \begin{pmatrix} z & -w \\ \bar{w} & \bar{z} \end{pmatrix} = \begin{pmatrix} \lambda z & -\lambda w \\ \lambda \bar{w} & \lambda \bar{z} \end{pmatrix} \notin \mathbb{H}.$$

所以 $\mathbb{H}$ 是 $M_2(\mathbb{C})$ 的实子空间, 但不是复子空间. 不难验证, $\mathbb{H}$ 中元素

$$1 = \begin{pmatrix} 1 & 0 \\ 0 & 1 \end{pmatrix}, \quad i = \begin{pmatrix} \sqrt{-1} & 0 \\ 0 & -\sqrt{-1} \end{pmatrix},$$

$$j = \begin{pmatrix} 0 & -1 \\ 1 & 0 \end{pmatrix}, \quad k = \begin{pmatrix} 0 & -\sqrt{-1} \\ -\sqrt{-1} & 0 \end{pmatrix}$$

是 $\mathbb{H}$ 在实数域上的一组基, 且

$$i^2 = j^2 = k^2 = -1, \ i \cdot j = -j \cdot i = k, \ j \cdot k = -k \cdot j = i, \ k \cdot i = -i \cdot k = j.$$

例 2.1.1   复数域 $\mathbb{C} = \{ a + b\sqrt{-1} \,|\, a, b \in \mathbb{R} \}$ 的加法群 $(\mathbb{C}, +)$ 可以看成一个 2 维实向量空间, 1, $\sqrt{-1}$ 是它的一组基. 对任意 $z = a + b\sqrt{-1} \in \mathbb{C}$, 映射 $\varphi_z : \mathbb{C} \to \mathbb{C} \ (\forall z' \in \mathbb{C}, \varphi_z(z') = zz')$ 是实线性映射, 在基 1, $\sqrt{-1}$ 下的矩阵是 $\begin{pmatrix} a & -b \\ b & a \end{pmatrix}$. 因此映射 $z = a + b\sqrt{-1} \mapsto \begin{pmatrix} a & -b \\ b & a \end{pmatrix}$ 诱导了复数域 $\mathbb{C}$ 和矩阵环 $M_2(\mathbb{R})$ 中子环 $\mathbb{F} = \left\{ \begin{pmatrix} a & -b \\ b & a \end{pmatrix} \middle| a, b \in \mathbb{R} \right\} \subset M_2(\mathbb{R})$ 的一个同构. 显然 $\mathbb{C} \simeq \mathbb{F} = \mathbb{H} \cap M_2(\mathbb{R}) \subset \mathbb{H}$ 是 $\mathbb{H}$ 的子环, 左乘运算

$$\mathbb{F} \times \mathbb{H} \to \mathbb{H}, \quad (\lambda, h) \mapsto \lambda \cdot h$$

使得 $\mathbb{H}$ 成为 $\mathbb{F}$ 上的向量空间. 不难验证

$$\begin{pmatrix} a + b\sqrt{-1} & -c - d\sqrt{-1} \\ c - d\sqrt{-1} & a - b\sqrt{-1} \end{pmatrix} = \begin{pmatrix} a & -c \\ c & a \end{pmatrix} + \begin{pmatrix} d & -b \\ b & d \end{pmatrix} \cdot k, \quad 1, k \in \mathbb{H}$$

是该 $\mathbb{F}$-向量空间的一组基.

注意: k 与 $\mathbb{F}$ 中元素一般不交换. 事实上, $\begin{pmatrix} a & -b \\ b & a \end{pmatrix} \cdot k = k \cdot \begin{pmatrix} a & -b \\ b & a \end{pmatrix}$ 当且仅当 $b = 0$.

定义 2.1.4 (理想) 环 R 的非空子集 $I \subset R$ 称为一个理想 (ideal), 如果

(1) I 是加法群 $(R, +, 0)$ 的子群;

(2) $\forall a \in R, b \in I$, 有 $ab \in I, ba \in I$.

例 2.1.2 设 $R \xrightarrow{\varphi} R'$ 是一个环同态, 则它的核 (kernel)

$$\ker(\varphi) = \{x \in R \mid \varphi(x) = 0\}$$

是 R 的一个理想.

设 $I \subset R$ 是一个理想, $\forall a \in R$, 令 $\bar{a} = a + I = \{a + x \mid \forall x \in I\}$. 显然, $\bar{a} = \bar{b} \Leftrightarrow a - b \in I$. 在集合 $R/I = \{\bar{a} \mid \forall a \in R\}$ 上定义运算:

$$\bar{a} + \bar{b} = \overline{a + b}, \quad \bar{a} \cdot \bar{b} = \overline{ab}, \quad \forall \bar{a}, \bar{b} \in R/I.$$

需要证明上述定义是有意义的! 即: 如果 $\bar{a} = \bar{x}, \bar{b} = \bar{y}$, 则

$$\bar{a} + \bar{b} = \bar{x} + \bar{y}, \quad \bar{a} \cdot \bar{b} = \bar{x} \cdot \bar{y}.$$

命题 2.1.1 R/I 关于上述的 "加法" 和 "乘法" 成为一个环, 且映射

$$R \xrightarrow{\varphi} R/I, \quad \varphi(a) = \bar{a}$$

是环同态. 环 R/I 称为 R 的一个商环, $R \xrightarrow{\varphi} R/I$ 称为商同态.

证明 直接验证. □

显然, 同态 $R \xrightarrow{\varphi} R/I$ 是满同态 (i.e. φ 是满射) 且 $\ker(\varphi) = I$. 所以, 根据例 2.1.2, 我们有理想的等价定义:

$$I \subset R \text{ 是一个理想} \Leftrightarrow \text{ 存在环同态 } R \xrightarrow{\varphi} R' \text{ 使得 } I = \ker(\varphi).$$

定理 2.1.1 (同态基本定理) 设 $R \xrightarrow{f} R'$ 是一个环同态. 令 $I = \ker(f)$, 则存在唯一单同态 $R/I \xrightarrow{\bar{f}} R'$ 使得: $f = \bar{f} \cdot \varphi$, 其中 $R \xrightarrow{\varphi} R/I$ 是商同态. 也可表述为: 存在唯一单同态 $R/I \xrightarrow{\bar{f}} R'$ 使下图

是一个交换图.

证明 $\forall\,\bar{a}\in R/I$, 令 $\bar{f}(\bar{a})=f(a)$. 可证 $\bar{f}:R/I\longrightarrow R'$ 是一个映射:

$$\bar{a}=\bar{b}\Rightarrow a-b\in I\Rightarrow f(a)=f(b)\Rightarrow\bar{f}(\bar{a})=\bar{f}(\bar{b}).$$

另一方面, $\bar{f}(\bar{a})=\bar{f}(\bar{b})\Rightarrow f(a)=f(b)\Rightarrow a-b\in I=\ker(f)\Rightarrow\bar{a}=\bar{b}$, 所以 $\bar{f}$ 是单射. 容易验证 $\bar{f}$ 是同态, 且 $f(a)=\bar{f}\cdot\varphi(a)$.

如果还有单同态 $R/I\xrightarrow{g}R'$ 使得 $f=g\cdot\varphi$, 则 $\forall\,\bar{a}\in R/I$,

$$g(\bar{a})=g\cdot\varphi(a)=f(a)=\bar{f}(\bar{a}).\qquad\square$$

推论 2.1.1 设 $R\xrightarrow{f}R'$ 是环同态, $I=\ker(f)$, 则 $R/I\xrightarrow{\bar{f}}f(R)$ 是环同构.

定理 2.1.2 (环的第二同构定理) 设 $R\xrightarrow{f}R'$ 是满同态, $K=\ker(f)$, 则映射

$$\{\,\text{理想}\,I\subset R\,|\,I\supset K\,\}\longrightarrow\{\,R'\,\text{中的理想}\,\}$$

$$I\mapsto I'=f(I)\subset R'$$

建立了 R 中包含 K 的理想与 R' 中理想的 1-1 对应. 对任意包含 K 的理想 $I\subset R$, 映射 $R/I\to R'/I'$ $(\bar{a}\mapsto\overline{f(a)}:=f(a)+I')$ 是环同构.

证明 设 $I\subset R$ 是一个理想, 则 $f(I)=I'\subset R'$ 也是一个理想. 如果 $I\supset K$, 则 $I=f^{-1}(I')$. 因此 $I\mapsto I'=f(I)$ 定义了集合 $\{\,\text{理想}\,I\subset R\,|\,I\supset K\,\}$ 与 $\{\,R'\,\text{中的理想}\,\}$ 之间的一个双射.

对任意 $I\in\{\,\text{理想}\,I\subset R\,|\,I\supset K\,\}$, 令 $I'=f(I)$, $\varphi':R'\to R'/I'$ 表示商同态, 则 $g=\varphi'\cdot f:R\to R'\to R'/I'$ 是满同态, 且 $\ker(g)=I$. 所以

$$\bar{g}:R/I\to R'/I',\quad\bar{a}\mapsto g(\bar{a})=\overline{f(a)}=f(a)+I'$$

是环同构 (应用同态基本定理于 $g:R\to R'/I'$ 即可).$\qquad\square$

推论 2.1.2 商环 R/I 的任意一个理想均可唯一表成 $\bar{J}:=J/I=\{\bar{a}\,|\,a\in J\}$, 其中 $J\subset R$ 是包含 I 的理想.

证明 应用环的第二同构定理于满同态 $\varphi:R\to R/I$ 即可.$\qquad\square$

从整数环 $\mathbb{Z}$ 可 (形式地) 构造分式域 $Q(\mathbb{Z})=\left\{\dfrac{b}{a}\,|\,a,b\in\mathbb{Z},a\neq0\right\}$, 它与有理数域同构 (只不过我们此时忘记符号 $\dfrac{b}{a}$ 的具体含义, 而只关心它们之间的运算规则), 该构造同样适用于任意整环 R.

设 R 是一个整环, $R^*=\{a\in R\,|\,a\neq0\}$ 是 R 中非零元集合, 定义

$$(a,b)\sim(c,d)\Leftrightarrow ad=bc,\qquad\forall\,(a,b),(c,d)\in R^*\times R,$$

则 $\sim$ 是 $R^* \times R$ 上等价关系. 令 $\dfrac{b}{a} = \{(c,d) \in R^* \times R \mid (c,d) \sim (a,b)\}$ 表示以 (a,b) 为代表元的等价类, 所以 $\dfrac{b}{a} = \dfrac{d}{c} \Leftrightarrow ad = bc$. 令

$$Q(R) = \left\{ \frac{b}{a} \mid \forall\, (a,b) \in R^* \times R \right\}$$

表示所有等价类的集合, 在 $Q(R)$ 上定义运算 (需证明该定义是有意义的)

$$\frac{b}{a} + \frac{d}{c} = \frac{bc+ad}{ac}, \qquad \frac{b}{a} \cdot \frac{d}{c} = \frac{bd}{ac},$$

则 $Q(R)$ 关于上述 "加法" 和 "乘法" 成为一个域, 且映射

$$R \hookrightarrow Q(R), \quad a \mapsto \frac{a}{1}$$

是单同态. 将 $a \in R$ 与 $\dfrac{a}{1} \in Q(R)$ 等同, 使 R 成为域 $Q(R)$ 的子环, 并称 $Q(R)$ 为 R 的分式域.

由于我们环的定义中要求单位元 1_R 的存在性, 所以理想 $I \subset R$ 不是子环 (除非 $I = R$). 那么, 对任意给定的环 R, 什么是它的最小子环呢? (R 的最小子环 $R_0 \subset R$ 也称 R 的素环). 显然

$$R_0 \supset \{n \cdot 1_R \mid n \in \mathbb{Z}\}.$$

但后者已经是一个子环. 所以 $R_0 = \{n \cdot 1_R \mid n \in \mathbb{Z}\}$. 映射

$$\mathbb{Z} \xrightarrow{\ f\ } R_0, \quad f(n) = n \cdot 1_R$$

是满同态. $I = \ker(f) \subset \mathbb{Z}$ 是一个理想, 且 $\mathbb{Z}/I \xrightarrow{\ \bar{f}\ } R_0$ 是环同构.

定理 2.1.3 R 的素环 R_0 要么同构于 $\mathbb{Z}$, 要么同构于 $\mathbb{Z}/(m)\mathbb{Z}$, 其中

$$(m)\mathbb{Z} = \{\, am \mid \forall\, a \in \mathbb{Z} \,\}$$

表示由 $m > 0$ 生成的理想.

证明 如果 $I = \ker(f) = \{0\}$, 则 $\mathbb{Z} \xrightarrow{\ f\ } R_0$ 是同构. 如果 $I \neq 0$, 令 m 是 I 中最小的正整数, 则 $I = (m)\mathbb{Z}$. 事实上, $\forall a \in I$, 存在 $q \in \mathbb{Z}$ 使得 $0 \leqslant a - q \cdot m < m$. 但 $a - q \cdot m \in I$, 所以必有 $a - q \cdot m = 0$, 否则与 m 的选取矛盾. $\square$

定义 2.1.5 m 称为环 R 的特征 (characteristic), 记为 $\mathrm{Char}(R) = m$. $m = 0$ 对应于 R_0 同构于 $\mathbb{Z}$, 此时称 R 是特征零的环. 否则, 称 R 是正特征的环.

一个等价的说法是: R 的特征是满足性质

$$m \cdot 1_R = \overbrace{1_R + \cdots + 1_R}^{m} = 0_R$$

的最小非负整数.

命题 2.1.2 如果 R 没有零因子, 则 R 的特征要么是 0, 要么是一个素数 $p \in \mathbb{Z}$. 特别地, 任何域 k 的特征 $\mathrm{Char}(k)$ 要么是 0, 要么是素数 $p > 0$.

证明 如果 $\mathrm{Char}(R) = m > 0$ 不是素数, 则 $m = m_1 m_2$ $(0 < m_i < m)$, 所以 $(m_1 \cdot 1_R)(m_2 \cdot 1_R) = (m_1 m_2) \cdot 1_R = 0$. 但 R 没有零因子, 所以 $m_1 \cdot 1_R = 0$ 或 $m_2 \cdot 1_R = 0$, 与特征 m 的定义矛盾!   □

<h2 style="text-align:center">习 题 2.1</h2>

2.1.1 设 R 是一个交换环, $I \subset R$ 是一个理想. 证明

$$\sqrt{I} = \{\, r \in R \mid \exists m \in \mathbb{Z} \text{使得} r^m \in I \,\}$$

也是 R 的理想 (称为理想 I 的根).

2.1.2 设 R 是一个交换环, $p > 0$ 是一个素数. 如果 $p \cdot x = 0$ $(\forall x \in R)$. 试证明: $(x + y)^{p^m} = x^{p^m} + y^{p^m}$ $(\forall x, y \in R, m > 0)$.

2.1.3 证明: 只有有限个元素的整环一定是一个域.

2.1.4 证明: 只有有限个理想的整环是一个域.

2.1.5 理想 $P \subset R$ 称为素理想, 如果: $ab \in P \Rightarrow a \in P$ 或 $b \in P$. 试证明: $P \subset R$ 是素理想当且仅当 R/P 没有零因子.

2.1.6 理想 $m \subset R$ 称为极大理想, 如果 R 中不存在真包含 m 的非平凡理想 (即: 如果 $I \supsetneq m$ 是 R 的理想, 则必有 $I = R$). 试证明: 当 R 是交换环时, $m \subset R$ 是极大理想当且仅当 R/m 是一个域. 特别, 交换环中的极大理想必为素理想.

2.1.7 设 $I \subset \mathbb{Z}$ 是整数环的非零理想, 证明下述结论等价:

(1) I 是极大理想;

(2) I 是素理想;

(3) 存在素数 p 使得 $I = (p)\mathbb{Z} = \{\, ap \mid \forall a \in \mathbb{Z} \,\}$.

2.1.8 设 $p \in \mathbb{Z}$ 是素数, 证明 $(p)\mathbb{Z}[x] = \{\, pf(x) \mid \forall f(x) \in \mathbb{Z}[x] \,\}$ 是整系数多项式环的素理想, 但不是 $\mathbb{Z}[x]$ 的极大理想.

2.1.9 映射 $D: R[x] \longrightarrow R[x]$ 定义如下: $\forall f(x) = a_n x^n + \cdots + a_1 x + a_0$

$$D(f) = n a_n x^{n-1} + (n-1) a_{n-1} x^{n-2} + \cdots + 2 a_2 x + a_1.$$

$\forall a \in R,\ f, g \in R[x]$, 试证明:

(1) $D(f+g) = D(f) + D(g)$, $D(af) = aD(f)$;

(2) $D(f \cdot g) = D(f) \cdot g + f \cdot D(g)$.

($D(f)$ 称为 $f(x)$ 的导数. 记为 $f'(x) = D(f)$, $f^{(m)}(x) = \overbrace{D \cdots D}^{m}(f)$ 称为 $f(x)$ 的 m 次导数).

2.1.10 如果 F 是特征零的域, 则 $f'(x) = 0 \Leftrightarrow \deg(f) = 0$ 或 $f(x) = 0$ (即常数); 如果 F 的特征是 $p > 0$, 则 $f'(x) = 0 \Leftrightarrow$ 存在 $g(x) \in F[x]$ 使得 $f(x) = g(x^p)$.

2.1.11 设 R 是一个环, 子环 $C(R) = \{a \in R \mid ab = ba\ \forall b \in R\}$ 称为 R 的中心. 试证明:

(1) 如果 R 是一个除环, 则 $C(R)$ 是一个域;

(2) 令 $\mathbb{H}$ 表示 Hamilton 四元数环, 则 $C(\mathbb{H}) = \mathbb{R}$.

2.1.12 设 K 是一个域. 如果 $C(R)$ 包含一个同构于 K 的子域, 则称环 R 为 K-代数. 试证明: 加法群 $(R, +)$ 通过 R 的乘法成为一个 K-向量空间.

2.1.13 设 R 是一个 K-代数, $\dim_K(R)$ 称为 R 的维数. 试证明:

(1) 矩阵环 $M_n(K)$ 是一个 n^2 维 K-代数;

(2) 任意 n 维 K-代数必同构于 $M_n(K)$ 的子环;

(3) 如果 R 是一个有限除环, 则 R 是有限域上的有限维代数.

2.1.14 设 K 是一个域, R 是一个有限维 K-代数. 试证明:

(1) $\forall \alpha \in R$, 存在多项式 $f(x) \in K[x]$ 使得 $f(\alpha) = 0$;

(2) 如果 R 是除环, $\alpha \neq 0$, 则 α 的极小多项式 $\mu_\alpha(x) \in K[x]$ 不可约;

(3) 如果 R 是除环, K 是代数闭域 (即 $K[x]$ 中次数大于零的多项式在 K 中必有根), 则 $R = K$.

历史上, 有限维可除 K-代数的分类是一个热门话题. 当 K 是实数域时, R 必同构于实数域, 复数域或 Hamilton 四元数环之一 (Frobenius 定理); 当 K 是有限域时, R 必为交换环 (Wedderburn 定理).

2.1.15 证明: 集合 $\mathbb{F}_{3^2} = \left\{ \begin{pmatrix} a & b \\ -b & a \end{pmatrix} \;\middle|\; a, b \in \mathbb{F}_3 = \mathbb{Z}/(3) \right\}$ 关于矩阵的 "加法" 和 "乘法" 成为一个 9 元域. 若将定义中的 $\mathbb{F}_3$ 换成 $\mathbb{F}_5$, 上述集合是否是一个 25 元域, 为什么?

2.2 唯一分解整环

整数环 $\mathbb{Z}$ 的算术基本定理在数论研究中起着非常大的作用, 高斯在研究高次

互反律时认识到必须考虑比 $\mathbb{Z}$ 大的复整数环

$$\mathbb{Z}[i] = \{\, a + bi \,|\, a, b \in \mathbb{Z} \,\}$$

(现在称为高斯整数环), 并在 $\mathbb{Z}[i]$ 上建立类似的算术基本定理: 唯一分解定理.
他同时观察到 $\mathbb{Z}$ 中可逆元的集合为 $U(\mathbb{Z}) = \{-1, 1\}$, 而 $\mathbb{Z}[i]$ 中可逆元的集合
为 $U(\mathbb{Z}[i]) = \{-1, 1, i, -i\}$, 唯一分解定理必须忽略可逆元的作用. 例如, $6 =$
$2 \times 3 = (-2) \times (-3)$ 在 $\mathbb{Z}$ 中必须看成相同的分解, 同理 $5 = (1 + 2i)(1 - 2i) =$
$(-2 + i)(-2 - i)$ 在 $\mathbb{Z}[i]$ 中也必须看成相同的分解 (因为 $-2 + i = i(1 + 2i)$,
$-2 - i = (-i)(1 - 2i)$). $\mathbb{Z}[i]$ 中的元素, 如果不能写成两个非可逆元的乘积, 则称
为复素数.

高斯证明了 $\mathbb{Z}[i]$ 满足唯一分解定理:

(1) $\mathbb{Z}[i]$ 的每个非可逆元均可分解为有限个复素数的乘积;

(2) 如果 $a = p_1 p_2 \cdots p_s = q_1 q_2 \cdots q_t$ 是 a 的两个分解, 则 $s = t$ 且适当调节
次序后有 $q_i = u_i p_i$ (其中 u_i 是 $\mathbb{Z}[i]$ 中四个可逆元之一).

是否任何类似的代数整数环都满足这样的唯一分解定理? 最开始, 它的重要
性并没有被认识到. 例如, 库默尔在 1843 年研究方程 $x^p + y^p = z^p (p > 2$ 是素数)
是否有非平凡整数解问题时还假设了环 $\mathbb{Z}[\omega]$ 满足唯一分解定理 (ω 是 $x^p - 1 = 0$
的一个虚根), 柯西也犯过同样的错误. 后来人们认识到, 不仅数论中的很多代数
整数环不满足唯一分解定理, 几何空间奇点的局部函数环也通常不满足唯一分解
定理. 下面讨论整环 R 满足唯一分解定理的一些充分条件.

定义 2.2.1 设 R 是整环, $a, b \in R$. 如果存在 $c \in R$ 使 $b = ac$, 则称 a 整除
b (记为 $a \,|\, b$), a 和 c 都称为 b 的因子. 元素 $p \in R$ 称为不可约元 (或素元), 如果
它满足:

(1) p 不是可逆元;

(2) 不存在非可逆元 $a, b \in R$, 使 $p = ab$.

定义 2.2.2 整环 R 称为唯一分解整环 (UFD), 如果它满足

(1) (不可约分解的存在性) 设 $a \in R$ 是任意非零不可逆元, 则存在有限个不
可约元 $p_1, p_2, \cdots, p_s \in R$ 使 $a = p_1 p_2 \cdots p_s$;

(2) (不可约分解的唯一性) 如果 a 有两个不可约分解:

$$a = p_1 p_2 \cdots p_s = q_1 q_2 \cdots q_t,$$

则 $s = t$ 且适当交换次序后有 $q_i = u_i p_i$ (其中 $u_i \in R$ 可逆).

例 2.2.1 整数环 $\mathbb{Z}$ 是唯一分解整环: $p \in \mathbb{Z}$ 是不可约元 $\Leftrightarrow |p|$ 是素数, $a \in \mathbb{Z}$
可逆 $\Leftrightarrow a = \pm 1$.

很多整环满足定义中的条件 (1)(存在不可约分解), 但不满足条件 (2)(不可约分解的唯一性). 例如, 对下面的整环, 不可约分解总存在.

定义 2.2.3 整环 R 称为诺特 (Noetherian) 整环, 如果 R 的每个理想 $I \subset R$ 都是有限生成的: 即存在有限个 $x_1, x_2, \cdots, x_n \in R$ 使

$$I = (x_1, x_2, \cdots, x_n)R = \{\, r_1 x_1 + r_2 x_2 + \cdots + r_n x_n \mid \forall\, r_1, r_2, \cdots, r_n \in R \,\}.$$

如果 R 的每个理想 $I \subset R$ 都可由一个元素生成 (即 $I = (x)R = \{\, rx \mid \forall\, r \in R \,\}$), 则 R 称为**主理想整环**.

代数数论中的代数整数环都是诺特整环 (例如, $\mathbb{Z}[i]$, $\mathbb{Z}[\omega]$ 等), 诺特整环 R 上的多项式环 $R[x]$ 也是诺特整环 (希尔伯特基定理). 在继续讨论之前, 记住下述显而易见的结论是有帮助的 (它们的证明留作练习).

(1) $u \mid 1$ 当且仅当 $u \in R$ 是可逆元;

(2) 如果 $c \mid a$, $c \mid b$, 则 $c \mid (a \pm b)$;

(3) 如果 $a \mid b$, $b \mid c$, 则 $a \mid c$;

(4) 如果 $a \mid b$, 则 $a \mid (bc)$ 对任意 $c \in R$ 成立;

(5) 设 $p, q \in R$ 是不可约元, 如果 $p \mid q$, 则 $p = uq$ ($u \in R$ 是可逆元).

定理 2.2.1 设 R 是诺特整环, $a \in R$ 是非零不可逆元. 则 a 可以分解成 R 中有限个不可约元的乘积: $a = p_1 p_2 \cdots p_s$, 其中 $p_i \in R$ 不可约.

证明 首先证明: a 必有一个不可约因子 $p_1 \in R$.

采用反正法. 设 a 没有不可约因子, 则 a 必可约 (否则 a 是 a 的不可约因子), 所以存在不可逆元 a_1, a' 使 $a = a_1 \cdot a'$. 显然 a_1 必为可约元 (否则 a_1 是 a 的不可约因子), 因此存在不可逆元 a_2, a'_1 使 $a_1 = a_2 \cdot a'_1$. 同理 a_2 必为可约元, 从而存在不可逆元 a_3, a'_2 使 $a_2 = a_3 \cdot a'_2$. 继续上述操作, 可得无穷个元素 $a_0 = a, a_1, a_2, \cdots, a_i, \cdots$, $a'_0 = a', a'_1, a'_2, \cdots, a'_i, \cdots \in R$ 满足:

$$a_i = a_{i+1} \cdot a'_i \quad (\forall\, i \geqslant 0), \quad \text{其中 } a_{i+1}, a'_i \text{ 不可逆}.$$

利用 R 是诺特整环, 我们将证明存在整数 n 使得对任意 $i \geqslant n$, a'_i 必为可逆元, 从而得到矛盾. 事实上, 令

$$I = (a_0, a_1, a_2, \cdots)R := \left\{\, \sum_{i=0}^{m} x_i a_i \mid \forall\, x_i \in R, \ \forall\, m \geqslant 0 \,\right\},$$

则 $I \subset R$ 是包含 $\{a_0, a_1, a_2, \cdots\}$ 的最小理想 (称为由 $\{a_0, a_1, a_2, \cdots\}$ 生成的理想). 由于 R 是诺特整环, 从而存在 $y_1, y_2, \cdots, y_m \in I$ 使 $I = (y_1, y_2, \cdots, y_m)R$. 所以存在 $n \geqslant 0$ 及 $x_{ij} \in R$ 使

$$y_i = \sum_{j=0}^{n} x_{ij} a_j \quad (1 \leqslant i \leqslant m).$$

因此 $I = (a_0, a_1, \cdots, a_n)R$. 对任意 $i \geqslant n$, 有 $a_i | a_0, a_i | a_1, \cdots, a_i | a_n$ (因为 $a_{i+1} | a_i$, $\forall\, i \geqslant 0$), 所以 a_i 整除 I 中每一个元素. 特别 $a_i | a_{i+1}$, 从而 a_i' 必为可逆元 (由于 $a_i = a_{i+1} a_i'$), 得到矛盾! 所以 a 必有一个不可约因子 $p_1 \in R$.

设 $a = p_1 b_1$, $p_1 \in R$ 不可约. 如果 b_1 是不可约元或可逆元, 则 $a = p_1 b_1$ 是 a 的不可约分解. 否则, 存在不可约元 $p_2 \in R$, 使

$$b_1 = p_2 b_2, \quad a = p_1 p_2 b_2.$$

如果 b_2 是不可约元或可逆元, 则 $a = p_1 p_2 b_2$ 是 a 的不可约分解. 否则, 可得 $b_2 = p_3 b_3, a = p_1 p_2 p_3 b_3$. 如此继续下去, 可得

$$p_1, p_2, \cdots, b_1, b_2, \cdots \in R \text{ 满足}: b_i = p_{i+1} \cdot b_{i+1}, \quad p_{i+1} \text{ 不可约}.$$

令 $J = (b_1, b_2, \cdots)R$ 是由 $\{b_1, b_2, \cdots\}$ 生成的理想, 则同理可证存在 $r > 0$ 使 $J = (b_1, b_2, \cdots, b_r)R$. 因为 b_r 整除 $b_1, b_2, \cdots, b_r$, b_r 必整除 J 中每一个元素, 特别 $b_r | b_{r+1}$. 所以 b_r 必为不可约元或可逆元 (否则由 $b_r = p_{r+1} b_{r+1}$ 推出 p_{r+1} 是可逆元, 得到矛盾). 因此 $a = p_1 p_2 \cdots p_r b_r$ 是 a 的一个不可约分解.　$\square$

诺特整环 R 中的每个不可逆非零元 a 都有不可约分解, 但 a 的不可约分解不一定唯一. 事实上, R 中的每个不可逆非零元都有唯一不可约分解等价于 R 中任意两个元素都有最大公因子.

定义 2.2.4 (最大公因子)　设 $a, b \in R$. $d \in R$ 称为 a, b 的最大公因子, 如果 d 满足条件:

(1) $d | a$, $d | b$;

(2) $c | a, c | b \Rightarrow c | d$.

诺特整环 R 中的两个元素不一定存在最大公因子, 即使存在也不唯一. 事实上, 如果 d 是 a, b 的最大公因子, 则 ud 也是 a, b 的最大公因子 (其中 $u \in U(R)$ 是 R 中任意可逆元). 反之, 如果 d_1, d_2 是 a, b 的两个最大公因子, 则 $d_1 = u \cdot d_2$, 其中 u 是可逆元. 所以, $\forall\, x, y \in R$, 我们定义

$$x \sim y \quad \Leftrightarrow \quad \exists\, u \in U(R) \text{ 使 } y = ux.$$

关系 $\sim$ 称为相伴关系, 它是一个等价关系:

(1) $\forall x \in R$, 有 $x \sim x$;

(2) 如果 $x \sim y$, 则 $y \sim x$;

(3) 如果 $x \sim y, y \sim z$, 则 $x \sim z$.

命题 2.2.1 如果 $a, b \in R$ 的最大公因子存在, 令 (a, b) 表示它们的一个最大公因子. 设 $a, b, c, t \in R$, 则最大公因子满足如下性质:

(1) $(a, 0) \sim a$; $\quad (a, b) \sim a \Leftrightarrow a \mid b$;

(2) $(ta, tb) \sim t(a, b)$;

(3) $((a, b), c) \sim (a, (b, c))$.

证明 仅证明 (2), 其他留着练习. 设 $(ta, tb) = e$, $(a, b) = d$, 则 $(td) \mid e$, 即存在 $u \in R$ 使 $e = u(td)$. 只需证明 $u \in R$ 可逆: 令 $ta = ex$, $tb = ey$, 将 $e = u(td)$ 带入, 得 $a = (ud)x$, $b = (ud)y$. 所以 $(ud) \mid d$, u 必为可逆元. $\qquad\square$

定义 2.2.5 如果 $(a, b) \sim 1$ (即 (a, b) 是可逆元), 则 a, b 称为互素.

定理 2.2.2 设 R 是诺特整环, 则下述结论等价:

(1) R 是唯一分解整环 (UFD);

(2) $\forall a, b \in R$, 最大公因子 (a, b) 存在;

(3) 如果 $p \in R$ 是不可约元, 且 $p \mid ab$, 则 $p \mid a$ 或者 $p \mid b$.

证明 我们将证明: $(1) \Rightarrow (2) \Rightarrow (3) \Rightarrow (1)$.

$(1) \Rightarrow (2)$: $\forall a, b \in R$, 设 $a = up_1^{m_1} p_2^{m_2} \cdots p_s^{m_s}$, $b = vp_1^{n_1} p_2^{n_2} \cdots p_s^{n_s}$ 分别是 a, b 的不可约分解, 其中 $m_i \geqslant 0$, $n_i \geqslant 0$, $u, v \in U(R)$ 是可逆元. 令

$$d = p_1^{k_1} p_2^{k_2} \cdots p_s^{k_s}, \quad k_i = \min\{m_i, n_i\},$$

则 $d \mid a$, $d \mid b$ (即: d 是 a, b 的公因子). 设 $c \in R$ 是 a, b 的任意公因子, 则

$$c = u_0 p_1^{\ell_1} p_2^{\ell_2} \cdots p_s^{\ell_s}, \quad \text{其中 } \ell_i \leqslant \min\{m_i, n_i\}, u_0 \in U(R)$$

(此处需要 R 是唯一分解整环的条件). 所以 $c \mid d$, d 是 a, b 的最大公因子.

$(2) \Rightarrow (3)$: 设 $p \in R$ 是不可约元, 且 $p \mid ab$. 令 $d = (p, a)$, 由 $d \mid p$ 可得 $d \sim p$ 或 $d \sim 1$. 如果 $d \sim p$, 则 $p \mid a$ (因为 $d \mid a$). 如果 $d \sim 1$, 则 $(pb, ab) \sim (p, a)b \sim b$, 因此 $p \mid b$ (因为 p 是 pb, ab 的公因子, 而 b 是 pb, ab 的最大公因子).

$(3) \Rightarrow (1)$: 因为不可约分解总存在, 只需证明分解唯一性. 设

$$a = p_1 p_2 \cdots p_s = q_1 q_2 \cdots q_t$$

是 a 的两个不可约分解, 无妨设 $s \leqslant t$. 由 (3) 可知, p_1 必整除 $q_1, q_2, \cdots, q_t$ 之一. 无妨设 $p_1 \mid q_1$, 从而 $q_1 = u_1 p_1$ (u_1 可逆), $p_2 p_3 \cdots p_s = u_1 q_2 q_3 \cdots q_t$. 同理可得 $q_2 = u_2 p_2$ (u_2 可逆), $p_3 p_4 \cdots p_s = u_1 u_2 q_3 q_4 \cdots q_t$. 继续消去 $p_3, p_4, \cdots, p_s$ 可得 $q_i = u_i p_i$, $1 = u_1 u_2 \cdots u_s q_{s+1} \cdots q_t$. 所以 $t = s$, $q_i \sim p_i$ $(1 \leqslant i \leqslant s)$. $\qquad\square$

推论 2.2.1 诺特整环 R 是主理想整环的充要条件是: $\forall a, b \in R$, 最大公因子 (a, b) 存在且可表示为 $(a, b) = ua + vb, u, v \in R$. 特别地, R 必为唯一分解整环.

证明　"⇒"　设 R 是一个主理想整环, $\forall\, a, b \in R$, 令 $I = (a,b)R$ 是由 a, b 生成的理想, 则存在 $d \in R$ 使得 I 由 d 生成. 不难验证 d 是 a, b 的一个最大公因子, 且 $d = ua + vb, u, v \in R$.

"⇐"　设 $I \subset R$ 是任意理想, 令 $a_1, a_2, \cdots, a_n \in I$ 是一组元素个数最少的生成元, 则 $n = 1$. 否则, 令 d 是 a_{n-1}, a_n 的最大公因子, 则 $I \subset (a_1, a_2, \cdots, a_{n-2}, d)R$. 但 d 可表示为 $d = ua_{n-2} + va_n$ $(u, v \in R)$, 所以 $I = (a_1, a_2, \cdots, a_{n-2}, d)R$, 它与 n 是 $I \subset R$ 的最小生成元个数矛盾. 　□

最后我们介绍一类特殊的主理想整环 R, 它上面存在带余除法 (亦称欧几里得算法) 使得最大公因子 (a, b) 和表达式 $(a, b) = ua + vb$ 中的 $u, v \in R$ 可通过所谓的欧几里得辗转相除法求出.

定义 2.2.6　设 R 是整环, $R^* = R \setminus \{0\}$ (R 中非零元的集合), $\mathbb{N} = \{$正整数$\}$. 如果存在映射 $\delta \colon R^* \to \mathbb{N}$ 满足: $\forall\, a, b \in R, b \neq 0$, 存在 $q, r \in R$ 使得

$$a = qb + r, \quad \text{其中 } r = 0 \text{ 或者 } \delta(r) < \delta(b),$$

则 R 称为欧氏环 (也称欧几里得环或 ED).

定理 2.2.3　欧氏环 R 是主理想整环.

证明　设 $I \subset R$ 是一个理想, $I \neq (0)$. 令 $b \in I$ 使得 $\delta(b)$ 是集合

$$\{\delta(x) \mid x \in I, x \neq 0\}$$

中的最小数, 我们断言: $I = (b)R$. 事实上, $\forall\, a \in I$, 存在 $q, r \in R$ 使 $a = qb + r$, 其中 $r = 0$ 或者 $\delta(r) < \delta(b)$. 所以必有 $r = 0$, 否则 $\delta(r) < \delta(b)$ 与 b 的选取矛盾 (因为 $r = a - qb \in I$). 　□

例 2.2.2　(1) $\mathbb{Z}$ 是欧氏环: $\forall\, a \in \mathbb{Z}$, 令 $\delta(a) = |a|$.

(2) 设 K 是一个域, 则多项式环 $K[x]$ 是欧氏环:

$$\forall f(x) \in K[x], \quad f(x) \neq 0, \quad \text{令 } \delta(f(x)) = \deg f(x).$$

(3) 高斯整环 $\mathbb{Z}[i] = \{a + bi \mid a, b \in \mathbb{Z}\} \subset \mathbb{C}$ 是欧氏环: $\delta(a + bi) = a^2 + b^2$. $\forall\, \alpha, \beta \in \mathbb{Z}[i]$, 令 $\alpha\beta^{-1} = u + vi$, 则存在 $a, b \in \mathbb{Z}$ 使 $|a - u| \leqslant \dfrac{1}{2}$, $|b - v| \leqslant \dfrac{1}{2}$. 令 $q = a + bi$, 则 $r := \beta(u + vi - a - bi) = \alpha - q\beta \in \mathbb{Z}[i]$ 且 $\delta(r) = \delta(\beta)\delta(u + vi - a - bi) = \delta(\beta)(|a - u|^2 + |b - v|^2) < \delta(\beta)$.

例 2.2.3　令 $\mathbb{Z}$ 是整数环, 则 $\mathbb{Z}[x]$ 不是主理想整环. 事实上,

$$I = (p, x)\mathbb{Z}[x] = \{p\,f(x) + xg(x)\} \ (\text{其中 } p \text{ 是素数})$$

不是主理想! 如果存在 $d(x) \in \mathbb{Z}[x]$ 使 $I = (d(x))\mathbb{Z}[x]$, 则 $d(x) \mid p$, $d(x) \mid x$, 从而 $d(x) = \pm 1$, 这是不可能的! 因为 $\pm 1 \notin I$. 所以 $\mathbb{Z}[x]$ 不是主理想整环, 但我们将证明 $\mathbb{Z}[x]$ 是唯一分解整环.

注记 (1) 我们见到的主理想整环都是欧式环. 事实上, 虽然存在非欧式环的主理想整环, 但给出一个不是欧式环的主理想整环并不容易.

(2) 欧氏环定义中的 $\delta \colon R^* \to \mathbb{N}$ 通常称为欧氏映射, 一个欧氏环 R 可以有多个欧氏映射. 如果 δ 是一个欧氏映射, 则

$$\bar{\delta}(a) := \min\{\,\delta(ax) \mid \forall x \in R^*\,\}$$

定义了一个欧氏映射 $\bar{\delta} \colon R^* \to \mathbb{N}$, 且满足: $\bar{\delta}(ab) \geqslant \bar{\delta}(a)$ $(\forall a, b \in R^*)$. 事实上, $\forall a, b \in R$, $b \neq 0$, $\exists c \in R^*$ 使得 $\bar{\delta}(b) = \delta(bc)$. 所以存在 $q_1, r \in R$ 使

$$a = q_1(bc) + r, \ \text{其中} \ r = 0 \ \text{或者} \ \delta(r) < \delta(bc).$$

令 $q = q_1 c$, 即得 $a = qb + r$, 其中 $r = 0$ 或者 $\bar{\delta}(r) \leqslant \delta(r) < \delta(bc) = \bar{\delta}(b)$.

习　题　2.2

2.2.1 设 m, n 是两个正整数, 证明它们在 $\mathbb{Z}$ 中的最大公因数和它们在 $\mathbb{Z}[i]$ 中的最大公因数相同.

2.2.2 设 R 是整环, $p \in R$ 称为一个素元如果它生成的理想 $P = (p)R$ 是素理想. 证明: R 中素元必为不可约元.

2.2.3 设 R 是一个主理想整环 (PID), $0 \neq r \in R$. 证明: 在 R 中仅有有限个理想包含 r.

2.2.4 (辗转相除法) 设 R 是欧氏环, $a, b \in R$ 非零. 由带余除法得

$$a = q_1 b + r_1, \ b = q_2 r_1 + r_2, \ r_1 = q_3 r_2 + r_3, \ \cdots, \ r_{k-2} = q_k r_{k-1} + r_k$$

满足 $\delta(r_k) < \delta(r_{k-1}) < \cdots < \delta(r_2) < \delta(r_1) < \delta(b)$. 试证明:

(1) 存在 k 使得 $r_{k+1} = 0$;

(2) r_k 是 a, b 的一个最大公因子;

(3) 求 $u, v \in R$ 使得 $r_k = ua + vb$.

2.2.5 设 $R = \mathbb{Z}[\sqrt{-5}] = \{\, a + b\sqrt{-5} \mid \forall a, b \in \mathbb{Z} \,\} \subset \mathbb{C}$, 定义: $N(a + b\sqrt{-5}) = a^2 + 5b^2$. 试证明:

(1) $U(R) = \{1, -1\}$;

(2) R 中任意元素都有不可约分解;

(3) 3, $2 + \sqrt{-5}$, $2 - \sqrt{-5} \in R$ 是不可约元;

(4) $9 = 3 \cdot 3 = (2 + \sqrt{-5}) \cdot (2 - \sqrt{-5})$ 是 9 的两个不相同的不可约分解.

2.2.6　令 $\mathbb{R}, \mathbb{C}$ 分别表示实数域和复数域, 试证明:

(1) 若 R 是由关于 $\cos t$ 和 $\sin t$ 的实系数多项式组成的函数环, 则 $R \cong \mathbb{R}[x, y]/(x^2 + y^2 - 1)$;

(2) $\mathbb{C}[x, y]/(x^2 + y^2 - 1)$ 是唯一分解整环 (提示: 证明其为 ED);

(3) $\mathbb{R}[x, y]/(x^2 + y^2 - 1)$ 不是唯一分解整环.

2.3　单变元多项式

设 R 是一个环, 在第 1 章第 2 节中我们定义了系数在 R 中的多项式环 $R[x]$ (简称 R 上的多项式环), 其中我们假设存在环扩张 $R \subset A$ 和 R 上超越元 $x \in A$ 满足: $xa = ax$ ($\forall a \in R$). 需要再次强调的是, 从一个给定的环 R(或域 K) 出发构造环扩张 $R \subset A$ (或域扩张 $K \subset L$), 通常是指 R 同构于 A 的子环 (或指域 K 同构于 L 的子域).

令 A 表示无穷序列 $(a_0, a_1, a_2, \cdots)$ 的集合, 两个元素 $(a_0, a_1, a_2, \cdots)$ 和 $(b_0, b_1, b_2, \cdots)$ 称为相等, 如果 $a_i = b_i (i \geqslant 0)$. 在 A 上定义运算

$$(a_0, a_1, a_2, \cdots) + (b_0, b_1, b_2, \cdots) := (a_0 + b_0, a_1 + b_1, a_2 + b_2, \cdots),$$

$$(a_0, a_1, a_2, \cdots) \cdot (b_0, b_1, b_2, \cdots) := (c_0, c_1, c_2, \cdots), \quad \text{其中} \quad c_k = \sum_{i=0}^{k} a_i b_{k-i},$$

使得 A 成为一个环.

容易验证: 单射 $R \hookrightarrow A, a \mapsto a' = (a, 0, 0, \cdots)$ 是环同态, 它诱导了 R 与子环 $R' = \{(a, 0, 0, 0, \cdots) | \forall a \in R\} \subset A$ 的同构. 将 R 与 R' 等同 (即将 $a \in R$ 与 $(a, 0, 0, \cdots)$ 等同) 可得

$$a(b_0, b_1, b_2, \cdots) = (a, 0, 0, \cdots) \cdot (b_0, b_1, b_2, \cdots) = (ab_0, ab_1, ab_2, \cdots).$$

引理 2.3.1　令 $x = (0, 1, 0, \cdots) \in A$, 则 x 是 R 上超越元且 $ax = xa$ ($\forall a \in R$).

$$(a_0, a_1, a_2, \cdots, a_k, \cdots) = a_0 + a_1 x + a_2 x^2 + \cdots + a_k x^k + \cdots := \sum_{k=0}^{\infty} a_k x^k$$

称为系数为 $a_0, a_1, a_2, \cdots, a_k, \cdots$ 的形式幂级数.

证明 显然, $\forall a \in R$, $ax = (0, a, 0, \cdots) = x \cdot (a, 0, 0, \cdots) = xa$. 如通常的约定一样, 对环 A 中任意非零元 y, 约定 $y^0 = (1, 0, 0, \cdots) := 1$. 容易验证, 对 $k > 0$, 有 $x^k = (0, 0, \cdots, 0, 1, 0, \cdots)$ (其中 1 位于第 $k+1$ 个位置). 所以 A 中每个元素 $(a_0, a_1, a_2, \cdots)$ 均可表成

$$(a_0, a_1, a_2, \cdots) = a_0 + a_1 x + a_2 x^2 + \cdots = \sum_{k=0}^{\infty} a_k x^k.$$

特别, $a_0 + a_1 x + a_2 x^2 + \cdots + a_n x^n = (a_0, a_1, a_2, \cdots, a_n, 0, 0, \cdots)$. 所以

$$a_0 + a_1 x + a_2 x^2 + \cdots + a_n x^n = 0 \iff a_0 = a_1 = a_2 = \cdots = a_n = 0,$$

x 是 R 上的超越元. $\qquad\qquad\square$

我们通常用 $R[[x]]$ 表示上述的环 A, 其中的元素用形式幂级数表示:

$$R[[x]] = \left\{ \sum_{i=0}^{\infty} a_i x^i \mid a_i \in R \right\}.$$

它的 "加法" 和 "乘法" 可以翻译如下:

$$\sum_{i=0}^{\infty} a_i x^i + \sum_{i=0}^{\infty} b_i x^i = \sum_{i=0}^{\infty} (a_i + b_i) x^i,$$

$$\sum_{i=0}^{\infty} a_i x^i \sum_{i=0}^{\infty} b_i x^i = \sum_{k=0}^{\infty} c_k x^k, \quad \text{其中 } c_k = \sum_{i=0}^{k} a_i b_{k-i}.$$

我们通常称 $R[[x]]$ 为系数在 R 中的形式幂级数环, 多项式环

$$R[x] = \{ f(x) = a_0 + a_1 x + \cdots + a_n x^n \mid n \geqslant 0, \ a_i \in R \} \subset R[[x]]$$

是由 "仅有有限个非零系数的形式幂级数" 组成的子环. 习惯上, 通常将多项式 $f(x)$ 写成 $f(x) = a_n x^n + a_{n-1} x^{n-1} + \cdots + a_1 x + a_0$, 将 x 看成一个与 R 无关的纯粹符号. 例如, 对任意两个不同的环 R_1, R_2, 我们用相同的符号 x 表示不同多项式环 $R_1[x], R_2[x]$ 中的不定元. 这不会引起任何混乱, 因为

引理 2.3.2 设 R_1, R_2 是任意的环, $x = (0, 1_{R_1}, 0, \cdots)$, $y = (0, 1_{R_2}, 0, \cdots)$. 则任意环同态 $\phi : R_1 \to R_2$ 可唯一地扩张成环同态

$$\bar{\phi} : R_1[x] \to R_2[y] \quad \text{满足: } \bar{\phi}(x) = y, \ \bar{\phi}(a) = \phi(a), \ \forall a \in R_1.$$

且 $\bar{\phi}$ 是同构当且仅当 ϕ 是同构.

证明 映射 $(a_0, a_1, a_2, \cdots) \mapsto (\phi(a_0), \phi(a_1), \phi(a_2), \cdots)$ 显然诱导了环同态 $\bar{\phi} : \{ (a_0, a_1, a_2, \cdots) \mid a_i \in R_1 \} \to \{ (\bar{a}_0, \bar{a}_1, \bar{a}_2, \cdots) \mid \bar{a}_i \in R_2 \}$, 它是同构 当且仅当 ϕ 是同构, 且 $\bar{\phi}(x) = y$, $\bar{\phi}(a) = \phi(a) \, (\forall \, a \in R_1)$. $\square$

对任意环 R, 令 $U(R) = \{R$ 中的可逆元$\}$ 表示 R 中可逆元的集合, 则 $U(R)$ 关于 R 中的乘法成为一个群 (称为 R 的单位群). 不难证明

引理 2.3.3 当 R 是一个无零因子的环时, $U(R[x]) = U(R)$.

证明 主要应用如下事实: 当 R 无零因子时, $\forall \, f(x)$, $g(x) \in R[x]$, 有

$$\deg f(x)g(x) = \deg f(x) + \deg g(x).$$ $\square$

例 2.3.1 $U(\mathbb{Z}[x]) = \{-1, 1\}$.

例 2.3.2 设 R 是一个整环, 如果 $p \in R$ 是不可约元, 则 $p \in R[x]$ 也是不可约元. 任意一次多项式 $x - a \in R[x] \, (a \in R)$ 必为不可约元.

例 2.3.3 $x^2 - 2 \in \mathbb{Q}[x]$ 是不可约元, 但 $x^2 - 2$ 在 $\mathbb{R}[x]$ 中则是可约元. $x^2 + 1 \in \mathbb{R}[x]$ 是不可约元, 但 $x^2 + 1 \in \mathbb{C}[x]$ 是可约元.

下面的定理极大地拓展了唯一分解整环的范围.

定理 2.3.1 如果 R 是唯一分解整环, 则 $R[x]$ 也是唯一分解整环.

证明 $\forall \, f(x) = a_n x^n + a_{n-1} x^{n-1} + \cdots + a_1 x + a_0 \in R[x]$, 令 $d(f)$ 表示它系数 $a_n, a_{n-1}, \cdots, a_1, a_0$ 的最大公因子. 如果 $d(f)$ 可逆, 则称 $f(x)$ 为本原多项式. 所以 $f(x) = d(f)f_0(x)$, 其中 $f_0(x) \in R[x]$ 是本原多项式. 令

$$d(f) = p_1 p_2 \cdots p_s, \quad f_0(x) = q_1(x)q_2(x) \cdots q_t(x)$$

其中 $p_i \in R \, (1 \leqslant i \leqslant s)$ 不可约 (因此也是 $R[x]$ 中的不可约元), $q_i(x) \in R[x]$ $(1 \leqslant i \leqslant t)$ 满足 $\deg q_i(x) > 0$ 且不能写成两个更低次数多项式的乘积. 由后面将证明的高斯引理: $d(f \cdot g) \sim d(f) \cdot d(g), \forall f(x), g(x) \in R[x]$, 可知 $q_i(x)$ 必为本原多项式, 所以 $q_i(x)$ 必为 $R[x]$ 中的不可约元 (否则 $q_i(x) = a \cdot q(x)$, $a \in R$ 不可逆, 与 $q_i(x)$ 是本元多项式矛盾),

$$f(x) = p_1 p_2 \cdots p_s \cdot q_1(x)q_2(x) \cdots q_t(x)$$

是 $f(x) \in R[x]$ 的一个不可约分解.

下面证明不可约分解的唯一性. 设

$$f(x) = p_1' p_2' \cdots p_{s'}' \cdot q_1'(x)q_2'(x) \cdots q_{t'}'(x)$$

是 $f(x)$ 在 $R[x]$ 中的另一个不可约分解 $(p_i' \in R)$. 注意 $R[x]$ 中次数大于零的不可约元 (称为不可约多项式) 必为本原多项式, 由高斯引理,

$$q'(x) := q_1'(x)q_2'(x) \cdots q_{t'}'(x)$$

必为本原多项式, 且 $p_1'p_2'\cdots p_{s'}'d(q') \sim d(f) \sim p_1p_2\cdots p_sd(f_0)$. 所以

$$p_1'p_2'\cdots p_{s'}' \sim p_1p_2\cdots p_s.$$

由 R 是唯一分解整环得: $s = s'$, $p_i' \sim p_i$, 从而存在 $u \in U(R)$ 使得

$$f_0(x) = q_1(x)q_2(x)\cdots q_t(x) = uq_1'(x)q_2'(x)\cdots q_{t'}'(x).$$

令 $K = Q(R)$ 是 R 的分式域, 则 $q_i'(x)$, $q_i(x) \in R[x] \subset K[x]$ 在 $K[x]$ 中也是不可约多项式 (由高斯引理后的推论). 所以

$$f_0(x) = q_1(x)q_2(x)\cdots q_t(x) = uq_1'(x)q_2'(x)\cdots q_{t'}'(x)$$

也是 $f_0(x)$ 在 $K[x]$ 中的两个不可约分解, 从而 $t = t'$ 且存在非零 $\dfrac{b_i}{c_i} \in K$ 使得 $q_i'(x) = \dfrac{b_i}{c_i}q_i(x)$, 即: $c_iq_i'(x) = b_iq_i(x)$ $(1 \leqslant i \leqslant t)$. 但 $q_i'(x)$, $q_i(x)$ 均是本原多项式, 由高斯引理得 $c_i \sim b_i$. 因此存在 $u_i \in U(R)$ 使 $q_i'(x) = u_iq_i(x)(1 \leqslant i \leqslant t)$. $\quad\square$

引理 2.3.4 (高斯引理) 设 R 是唯一分解整环, $f(x)$, $g(x) \in R[x]$, 则

$$d(f \cdot g) \sim d(f) \cdot d(g).$$

特别地, 本原多项式的乘积还是本原多项式.

证明 设 $f(x) = d(f)f_0(x)$, $g(x) = d(g)g_0(x)$, $f_0(x), g_0(x)$ 是本原多项式. 则 $f(x) \cdot g(x) = d(f)d(g) \cdot f_0(x)g_0(x)$. 如果 $f_0(x) \cdot g_0(x)$ 是本原多项式, 则 $d(f \cdot g) \sim d(f) \cdot d(g)$. 所以只需证明: 本原多项式的乘积还是本原多项式.

设 $R[x]$ 中的多项式

$$f(x) = a_nx^n + a_{n-1}x^{n-1} + \cdots + a_1x + a_0,$$
$$g(x) = b_mx^m + b_{m-1}x^{m-1} + \cdots + b_1x + b_0$$

是本原多项式. 如果 $f \cdot g$ 不是本原多项式, 则存在不可约元 $p \in R$, 使 $p \mid d(f \cdot g)$. 特别地, 令 s, t 分别是使得 $p \nmid a_s, p \nmid b_t$ 的最小下标, 则 x^{s+t} 在 $f(x) \cdot g(x)$ 中的系数 c_{s+t} 能被 p 整除. 但

$$\underbrace{c_{s+t}}_{\text{被 } p \text{ 整除}} = a_s \cdot b_t + \underbrace{a_{s+1}b_{t-1} + a_{s+2}b_{t-2} + \cdots}_{\text{被 } p \text{ 整除}} + \underbrace{a_{s-1}b_{t+1} + a_{s-2}b_{t+2} + \cdots}_{\text{被 } p \text{ 整除}}$$

推出 $p \mid a_sb_t$, 从而 $p \mid a_s$ 或 $p \mid b_t$ 与 s, t 的选取矛盾! $\quad\square$

推论 2.3.1 设 R 是唯一分解整环, K 是 R 的分式域, $f(x) \in R[x]$. 如果 $f(x)$ 在 $R[x]$ 中不可约, 则 $f(x)$ 在 $K[x]$ 中也不可约.

证明 如果 $f(x) = g(x) \cdot h(x)$, $g(x), h(x) \in K[x]$, 且 $\deg g(x) > 0$, $\deg h(x) > 0$. 则存在 $a, b \in R$ 使 $a \cdot f(x) = b \cdot g_0(x) \cdot h_0(x)$, 其中 $g_0(x), h_0(x) \in R[x]$ 是本原多项式. 由高斯引理, $g_0(x) \cdot h_0(x)$ 也是本原多项式, 且 $a \cdot d(f) \sim b$. 如果 $f(x)$ 在 $R[x]$ 中不可约, 则 $d(f) \in U(R)$. 所以存在 $u \in U(R)$ 使得 $b = u \cdot a$, 从而 $f(x) = u \cdot g_0(x) \cdot h_0(x)$ 是 $R[x]$ 中的分解, 与假设矛盾. $\square$

定理 2.3.2 (艾森斯坦 (Eisenstein) 判别法) 设 R 是唯一分解整环, K 是 R 的分式域,
$$f(x) = a_n x^n + a_{n-1} x^{n-1} + \cdots + a_1 x + a_0 \in R[x].$$
如果存在不可约元 $p \in R$ 使得: $p \mid a_0, p \mid a_1, \cdots, p \mid a_{n-1}$, 但 $p \nmid a_n$, $p^2 \nmid a_0$, 则 $f(x)$ 在 $K[x]$ 中不可约.

证明 只需证明 $f(x)$ 在 $R[x]$ 中不可约. 如果在 $R[x]$ 中存在分解
$$f(x) = (b_{n_1} x^{n_1} + b_{n_1-1} x^{n_1-1} + \cdots + b_1 x + b_0)(c_{n_2} x^{n_2} + c_{n_2-1} x^{n_2-1} + \cdots + c_1 x + c_0),$$
其中 $b_{n_1} \neq 0$, $c_{n_2} \neq 0$, $n_i > 0$. 由 p 整除 $a_0 = b_0 c_0$ 但 p^2 不整除 a_0 可知, $p \mid b_0$ 或 $p \mid c_0$ 但 p 不能同时整除 b_0, c_0. 无妨设 $p \mid b_0$ 但 $p \nmid c_0$.

我们将证明, 对所有 $0 \leqslant i \leqslant n_1$, 必有 $p \mid b_i$ (这当然与条件 $p \nmid a_n$ 矛盾, 因为 $a_n = b_{n_1} c_{n_2}$). 否则, 无妨设 $p \nmid b_s$ 但 $p \mid b_i$ ($\forall i < s$). 则
$$a_s = b_s c_0 + \underbrace{b_{s-1} c_1 + \cdots + b_0 c_s}_{\text{被 } p \text{ 整除}} \quad (\text{当 } i > n_2, \text{默认 } c_i = 0).$$
因为 $s \leqslant n_1 < n$, 所以 $p \mid a_s$, 从而 $p \mid b_s c_0$. 但这与 $p \nmid b_s$, $p \nmid c_0$ 矛盾. $\square$

例 2.3.4 $\forall p \in \mathbb{Z}$ 是素数, 则 $x^n \pm p \in \mathbb{Q}[x]$ 是不可约多项式.
$$f(x) = x^{p-1} + x^{p-2} + \cdots + x + 1 \in \mathbb{Q}[x]$$
也是不可约多项式. 事实上, $f(x)$ 不可约 $\Leftrightarrow f(x+1)$ 不可约. 而
$$f(x+1) = \frac{(x+1)^p - 1}{x} = x^{p-1} + \binom{p}{1} x^{p-2} + \cdots + \binom{p}{p-2} x + \binom{p}{p-1}.$$
组合数 $\binom{p}{m}$ 被 p 整除, 应用艾森斯坦判别法, 可知 $f(x+1)$ 不可约.

多项式 $f(x) \in R[x]$ 是否不可约与 R 密切相关, 例如,

定理 2.3.3 (代数基本定理) 如果 $p(x) \in \mathbb{C}[x]$ 不可约, 则 $\deg p(x) = 1$. 它的一个等价形式是: $\forall f(x) \in \mathbb{C}[x], \deg f(x) > 0$, 则存在 $\alpha \in \mathbb{C}$, 使 $f(\alpha) = 0$.

例 2.3.5 设 $K \subset \mathbb{C}$ 是个子域, $f(x) \in K[x]$ 的次数大于零, 则存在 $\alpha_1 \in \mathbb{C}$, $g(x) \in \mathbb{C}[x]$ 使 $f(x) = (x - \alpha_1)g(x)$, 且 $\alpha_1 \in K \iff g(x) \in K[x]$. 特别地, 如果 $f(x) \in K[x]$ 是一个 n 次不可约多项式, 则

$$f(x) = a(x - \alpha_1)(x - \alpha_2) \cdots (x - \alpha_n), \quad \alpha_i \in \mathbb{C} \setminus K, \ 0 \neq a \in K.$$

例 2.3.6 $\mathbb{R}[x]$ 中的不可约多项式 $f(x)$ 要么是一次多项式, 要么

$$f(x) = ax^2 + bx + c, \quad b^2 - 4ac < 0.$$

事实上, 设 $\alpha \in \mathbb{C}$ 是 $f(x)$ 的一个根, 则它的共轭 $\bar{\alpha} \in \mathbb{C}$ 也是 $f(x)$ 的一个根, 且 $p(x) = (x - \alpha)(x - \bar{\alpha}) = x^2 - (\alpha + \bar{\alpha})x + \alpha\bar{\alpha}$ 是不可约实系数多项式. 如果 $p(x) \nmid f(x)$, 则 $(p(x), f(x)) \sim 1$ (即 $p(x)$ 与 $f(x)$ 互素), 从而存在 $u(x), v(x) \in \mathbb{R}[x]$ 使 $u(x)p(x) + v(x)f(x) = 1$, 这与 $p(\alpha) = f(\alpha) = 0$ 矛盾! 所以 $p(x) \mid f(x)$. 但 $f(x)$ 不可约, 因此存在 $0 \neq a \in \mathbb{R}$ 使

$$f(x) = a \cdot p(x) = ax^2 + bx + c, \quad b = -a(\alpha + \bar{\alpha}), \ c = a\alpha\bar{\alpha},$$

其中 $b^2 - 4ac = a^2(\alpha - \bar{\alpha})^2 < 0$ (因为 α 的虚部非零).

例 2.3.7 设 K 是一个域, 则 $K[x]$ 中有无穷多个首项系数为 1 的不可约多项式. 事实上, 如果 $p_1(x), p_2(x), \cdots, p_n(x)$ 是 $K[x]$ 的全部首项系数为 1 的不可约多项式, 则 $f(x) = p_1(x)p_2(x) \cdots p_n(x) + 1$ 也是首项系数为 1 的不可约多项式, 且 $f(x) \neq p_i(x) (1 \leqslant i \leqslant n)$. 矛盾!

例 2.3.8 如果 $\mathbb{F}_q$ 是有限域, 则对任意正整数 N, 存在首项系数为 1 的不可约多项式 $p(x) \in \mathbb{F}_q[x]$ 使 $\deg p(x) > N$ (提示: $\mathbb{F}_q[x]$ 中次数不超过 N 的多项式仅有有限个).

习 题 2.3

2.3.1 设 F 是一个域, $F[[x]]$ 是系数在 F 中的形式幂级数环, 试证明:

(1) $f(x) = a_0 + a_1 x + a_2 x^2 + \cdots$ 在 $F[[x]]$ 中可逆 $\iff a_0 \neq 0$;

(2) $F[[x]]$ 中任意不可约元 $p(x)$ 均与 x 相伴, 即 $p(x) \sim x$;

(3) $F[[x]]$ 是主理想整环, 它是欧氏整环吗? 如果是, 请写出一个欧氏映射.

2.3.2 设 F 是一个域, $p(x) \in F[x]$ 不可约, 令 $I = p(x)F[x]$ 表示由 $p(x)$ 生成的理想, 试证明: 商环 $F[x]/I$ 是一个域, 且环同态

$$\varphi : F[x] \to F[x]/I, \quad f(x) \mapsto \overline{f(x)}$$

诱导了域嵌入 $\varphi|_F : F \hookrightarrow F[x]/I, a \mapsto \bar{a}$ (如果将 F 与它的像等同, 则 $\bar{x} \in F[\bar{x}] :=$ $F[x]/I$ 是 $p(x)$ 在扩域 $F[\bar{x}]$ 中的一个根).

2.3.3 设 F 是一个域, $K \subset F$ 是一个子域, $f(x), g(x) \in K[x]$. 试证明: $f(x), g(x)$ 在 $K[x]$ 中互素 $\Leftrightarrow$ $f(x), g(x)$ 在 $F[x]$ 中互素.

2.3.4 设 F 是特征零的域, $f(x) \in F[x]$ 不可约. 证明 $f(x)$ 与 $f'(x)$ 互素.

2.3.5 设 $\mathbb{F}_2 = \mathbb{Z}/(2) = \{\bar{0}, \bar{1}\}$ 是一个二元域. 证明:

$$f(x) = x^n + a_1 x^{n-1} + \cdots + a_{n-1} x + a_n \in \mathbb{F}_2[x]$$

没有一次因子 (即不被一次多项式整除) $\Leftrightarrow a_n \left(1 + \sum_{i=1}^{n} a_i\right) \neq 0$. 写出 $\mathbb{F}_2[x]$ 中所有次数不超过 3 的所有不可约多项式.

2.3.6 设 p 是素数, $\mathbb{Z} \to \mathbb{F}_p = \mathbb{Z}/(p)\mathbb{Z}, a \mapsto \bar{a}$, 是商同态. 证明:

(1) 映射

$$\phi_p : \mathbb{Z}[x] \to \mathbb{F}_p[x], \quad f(x) = \sum_{i=1}^{n} a_i x^i \mapsto \bar{f}(x) = \sum_{i=1}^{n} \bar{a}_i x^i$$

是环同态;

(2) 对于首项系数为 1 的多项式 $f(x) \in \mathbb{Z}[x]$, 如果存在素数 p 使 $\bar{f}(x)$ 在 $\mathbb{F}_p[x]$ 中不可约, 则 $f(x)$ 在 $\mathbb{Z}[x]$ 中也不可约.

2.3.7 设 R, A 是两个环, $C(A) \subset A$ 是 A 的中心, $\psi : R \to C(A)$ 是一个环同态. 证明: $\forall u \in A$, 存在唯一环同态 $\psi_u : R[x] \to A$ 满足:

$$\psi_u(x) = u, \quad \psi_u(a) = \psi(a) \quad (\forall a \in R).$$

所以, $\forall f(x) = a_n x^n + a_{n-1} x^{n-1} + \cdots + a_1 x + a_0 \in R[x]$, 它在 ψ_u 下的像

$$\psi_u(f(x)) = \psi(a_n)u^n + \psi(a_{n-1})u^{n-1} + \cdots + \psi(a_1)u + \psi(a_0) \in A$$

称为 $f(x)$ 在 $u \in A$ 的取值, 记为 $f(u) := \psi_u(f(x))$.

2.3.8 设 R 是一个交换环, $f(x) \in R[x]$. 证明: $f(x)$ 是环 $R[x]$ 中的零因子当且仅当存在 $0 \neq r \in R$ 使得 $r \cdot f(x) = 0$.

2.3.9 证明多项式 $f(x) = x^4 - 10x^2 + 1$ 在 $\mathbb{Z}[x]$ 中不可约, 但是对任意的素数 p, 它在 $\mathbb{F}_p[x]$ 中总是可约的.

2.3.10 设 $f(x) \in \mathbb{R}(x)$ 是一个有理函数. 如果对任意整数 $m \in \mathbb{Z}$ 必有 $f(m) \in \mathbb{Z}$, 试证明 $f(x)$ 必为多项式. 这样的 $f(x)$ 是否必为有理系数多项式? 请证明你的结论.

2.4 多变元多项式

多变元多项式环可归纳地定义为 $R[x_1, x_2, \cdots, x_n] = R[x_1, x_2, \cdots, x_{n-1}][x_n]$. 但和单变元多项式一样, 在实际应用中不妨将 $x_1, x_2, \cdots, x_n$ 看成不定元, 将多项式 $f(x_1, x_2, \cdots, x_n) \in R[x_1, x_2, \cdots, x_n]$ 看成有限形式和:

$$f(x_1, x_2, \cdots, x_n) = \sum_{i_1 i_2 \cdots i_n} a_{i_1 i_2 \cdots i_n} x_1^{i_1} x_2^{i_2} \cdots x_n^{i_n},$$

其中 $a_{i_1 i_2 \cdots i_n} x_1^{i_1} x_2^{i_2} \cdots x_n^{i_n}$ $(i_1 \geqslant 0, i_2 \geqslant 0, \cdots, i_n \geqslant 0$ 是整数) 称为单项式, $i_1 + i_2 + \cdots + i_n$ 称为该单项式的次数, $a_{i_1 i_2 \cdots i_n} \in R$ 称为该单项式的系数, $f(x_1, x_2, \cdots, x_n)$ 称为系数在 R 中的 n 元多项式. 如果 $(i_1, i_2, \cdots, i_n) = (j_1, j_2, \cdots, j_n)$, 则 $a_{i_1 i_2 \cdots i_n} x_1^{i_1} x_2^{i_2} \cdots x_n^{i_n}$, $a_{j_1 j_2 \cdots j_n} x_1^{j_1} x_2^{j_2} \cdots x_n^{j_n}$ 称为同类项. 在单项式 $a_{i_1 i_2 \cdots i_n} x_1^{i_1} x_2^{i_2} \cdots x_n^{i_n}$ 中, 如果某个 $i_k = 0$, 我们通常省略对应的 x_k. 系数全为 0 的多项式称为零多项式 (记为 0), 即 $f(x_1, x_2, \cdots, x_n) = 0 \Leftrightarrow a_{i_1 i_2 \cdots i_n} = 0$. 非零多项式 $f(x_1, x_2, \cdots, x_n)$ 中最高次单项式的次数定义为 f 的次数, 记为 $\deg(f)$.

令 $R[x_1, x_2, \cdots, x_n]$ 表示所有系数在 R 中的 n 元多项式的集合, 设

$$f(x_1, x_2, \cdots, x_n) = \sum_{i_1 i_2 \cdots i_n} a_{i_1 i_2 \cdots i_n} x_1^{i_1} x_2^{i_2} \cdots x_n^{i_n} \in R[x_1, x_2, \cdots, x_n],$$

$$g(x_1, x_2, \cdots, x_n) = \sum_{i_1 i_2 \cdots i_n} b_{i_1 i_2 \cdots i_n} x_1^{i_1} x_2^{i_2} \cdots x_n^{i_n} \in R[x_1, x_2, \cdots, x_n],$$

它们的运算可定义如下:

$$f(x_1, x_2, \cdots, x_n) + g(x_1, x_2, \cdots, x_n) = \sum_{i_1 i_2 \cdots i_n} (a_{i_1 i_2 \cdots i_n} + b_{i_1 i_2 \cdots i_n}) x_1^{i_1} x_2^{i_2} \cdots x_n^{i_n},$$

$$f(x_1, x_2, \cdots, x_n) \cdot g(x_1, x_2, \cdots, x_n) = \sum_{\substack{i_1 i_2 \cdots i_n \\ j_1 j_2 \cdots j_n}} a_{i_1 i_2 \cdots i_n} \cdot b_{j_1 j_2 \cdots j_n} x_1^{i_1+j_1} x_2^{i_2+j_2} \cdots x_n^{i_n+j_n},$$

其中第二个等式右边需要合并同类项. 我们通常将 R 中元素与零次多项式等同, 即 $a = a x_1^0 x_2^0 \cdots x_n^0$ $(\forall\, a \in R)$. 因此上述乘法定义推出: $x_j \cdot x_i = x_i \cdot x_j = x_i x_j$ $(i < j)$, $x_i \cdot a = a \cdot x_i = a x_i$ $(\forall\, a \in R)$. 若 R 是交换环, 则 $R[x_1, x_2, \cdots, x_n]$ 关于上述运算成为一个交换环.

如果 $\deg(f) = m$, 令 f_d 表示 $f(x_1, x_2, \cdots, x_n)$ 中次数为 d 的所有单项式之和 (这样的 $f_d(x_1, x_2, \cdots, x_n)$ 称为 d 次齐次多项式, 或 d 次形式), 则 $f(x_1, x_2, \cdots, x_n)$ 可唯一地表示为 $f = f_0 + f_1 + \cdots + f_m, f_m \neq 0$, 其中 f_d 是 d 次齐次多项式.

命题 2.4.1 如果 R 没有零因子, 则, $\forall f, g \in R[x_1, x_2, \cdots, x_n]$, 有

$$\deg(f \cdot g) = \deg(f) + \deg(g).$$

特别, 如果 R 是整环, 则 $R[x_1, x_2, \cdots, x_n]$ 也是整环.

证明 首先证明: R 没有零因子 $\Rightarrow R[x_1, x_2, \cdots, x_n]$ 也没有零因子. 这可以通过对 n 作归纳法证明 ($n = 1$ 时, $f \cdot g$ 的首项是 f 和 g 的首项之积; 如果 $R[x_1, x_2, \cdots, x_{n-1}]$ 没有零因子, 则 $R[x_1, x_2, \cdots, x_{n-1}, x_n] = R[x_1, x_2, \cdots, x_{n-1}][x_n]$ 也没有零因子). 因此, 如果 $f = f_0 + f_1 + \cdots + f_t$, $g = g_0 + g_1 + \cdots + g_s$, 其中 $t = \deg(f)$, $s = \deg(g)$, 则 $f \cdot g = f_0 \cdot g_0 + (f_0 \cdot g_1 + f_1 \cdot g_0) + \cdots + f_t \cdot g_s$. 由 $f_t \neq 0$, $g_s \neq 0$ 得 $f_t \cdot g_s \neq 0$, 从而 $\deg(f \cdot g) = \deg(f) + \deg(g)$. $\qquad\square$

设 A 是一个环, $u = (u_1, u_2, \cdots, u_n) \in A^n$. 如果 $R \subset A$ 是 A 的子环且 $u_i u_j = u_j u_i$, $u_i a = a u_i$ ($\forall a \in R$, $1 \leqslant i, j \leqslant n$), 则可定义取值映射 ψ_u : $R[x_1, x_2, \cdots, x_n] \to A$ 如下:

$$f(x_1, x_2, \cdots, x_n) = \sum_{i_1 i_2 \cdots i_n} a_{i_1 i_2 \cdots i_n} x_1^{i_1} x_2^{i_2} \cdots x_n^{i_n}$$

$$\mapsto \psi_u(f) := \sum_{i_1 i_2 \cdots i_n} a_{i_1 i_2 \cdots i_n} u_1^{i_1} u_2^{i_2} \cdots u_n^{i_n}.$$

不难验证取值映射 ψ_u 是一个环同态. 更一般地, 我们有

命题 2.4.2 设 $\psi : R \to A$ 是任意环同态, $u = (u_1, u_2, \cdots, u_n) \in A^n$ 满足:

$$u_i u_j = u_j u_i, \quad u_i \psi(a) = \psi(a) u_i \quad (\forall a \in R, \ 1 \leqslant i, j \leqslant n),$$

则 $\psi : R \to A$ 可唯一地扩充为环同态 $\psi_u : R[x_1, x_2, \cdots, x_n] \to A$ 使得

$$\psi_u(x_i) = u_i, \quad \psi_u(a) = \psi(a) \quad (\forall a \in R, \ 1 \leqslant i \leqslant n).$$

证明 对 n 使用归纳法. 当 $n = 1$ 时, 考虑映射 $\psi_{u_1} : R[x_1] \to A$,

$$f(x_1) = \sum_{i=0}^m a_i x_1^i \mapsto \psi_{u_1}(f(x_1)) := \sum_{i=0}^m \psi(a_i) u_1^i.$$

不难验证 ψ_{u_1} 是环同态且满足 $\psi_{u_1}(x_1) = u_1$, $\psi_{u_1}(a) = \psi(a)$ ($\forall a \in R$). 反之, 如果 $R[x_1] \xrightarrow{\varphi} A$ 是一个环同态且满足 $\varphi(x_1) = u_1$, $\varphi(a) = \psi(a)$ ($\forall a \in R$), 则, $\forall f(x_1) = a_0 + a_1 x_1 + \cdots + a_m x_1^m \in R[x_1]$, 有

$$\varphi(f(x_1)) = \sum_{i=0}^m \varphi(a_i) \varphi(x_1)^i = \sum_{i=0}^m \psi(a_i) u_1^i = \psi_{u_1}(f(x_1)).$$

所以 $\varphi = \psi_{u_1}$. 可设存在唯一环同态 $\psi' : R' := R[x_1, x_2, \cdots, x_{n-1}] \to A$ 满足

$$\psi'(x_i) = u_i, \quad \psi'(a) = \psi(a) \quad (\forall \, a \in R, \, 1 \leqslant i \leqslant n-1).$$

容易验证: $u_n \cdot f = f \cdot u_n$ $(\forall \, f \in R')$. 所以存在唯一环同态

$$\psi_{u_n} : R[x_1, x_2, \cdots, x_{n-1}, x_n] = R'[x_n] \to A$$

满足 $\psi_{u_n}(x_n) = u_n$, $\psi_{u_n}(f) = \psi'(f)$ $(\forall \, f \in R')$. 令

$$\psi_u = \psi_{u_n} : R[x_1, x_2, \cdots, x_n] \to A,$$

则 $\psi_u(x_i) = u_i$, $\quad \psi_u(a) = \psi(a) \quad (\forall \, a \in R, \, 1 \leqslant i \leqslant n).$

它的唯一性证明如下:

如果环同态 $R[x_1, x_2, \cdots, x_n] \xrightarrow{\varphi} A$ 满足 $\varphi(x_i) = u_i$, $\varphi(a) = \psi(a)$ $(\forall \, a \in R, \, 1 \leqslant i \leqslant n)$, 则, $\forall \, f = \sum\limits_{i_1 i_2 \cdots i_n} a_{i_1 i_2 \cdots i_n} x_1^{i_1} x_2^{i_2} \cdots x_n^{i_n} \in R[x_1, x_2, \cdots, x_n]$, 有

$$\varphi(f) = \sum_{i_1 i_2 \cdots i_n} \varphi(a_{i_1 i_2 \cdots i_n}) \varphi(x_1)^{i_1} \varphi(x_2)^{i_2} \cdots \varphi(x_n)^{i_n}$$
$$= \sum_{i_1 i_2 \cdots i_n} \psi(a_{i_1 i_2 \cdots i_n}) u_1^{i_1} u_2^{i_2} \cdots u_n^{i_n} = \psi_u(f),$$

所以 $\varphi = \psi_u$. $\qquad \square$

例 2.4.1 当 R 是 A 的子环, $\psi : R \hookrightarrow A$ 是包含映射时, 上述取值映射

$$\psi_u : R[x_1, x_2, \cdots, x_n] \to A, \quad f(x_1, x_2, \cdots, x_n) \mapsto f(u_1, u_2, \cdots, u_n)$$

的像就是例 1.2.5(环扩张) 中由 R 添加 $u_1, u_2, \cdots, u_n$ 生成的环 $R[u_1, u_2, \cdots, u_n]$, 我们通常称环扩张 $R \subset R[u_1, u_2, \cdots, u_n]$ 为多项式型扩张 (因 $R[u_1, u_2, \cdots, u_n]$ 中元素皆为 $u_1, u_2, \cdots, u_n$ 的多项式形式). 如果满同态

$$\psi_u : R[x_1, x_2, \cdots, x_n] \to R[u_1, u_2, \cdots, u_n]$$

不是环同构, 则称 $u_1, u_2, \cdots, u_n$ 在 R 上代数相关. 否则称 $u_1, u_2, \cdots, u_n$ 在 R 上代数无关.

例 2.4.2 设 $A = R[x_1, x_2, \cdots, x_n]$, $\psi : R \hookrightarrow A$ 是包含映射. $\forall \, \pi \in S_n$, 令 $u = (x_{\pi(1)}, x_{\pi(2)}, \cdots, x_{\pi(n)})$, 则上述取值映射

$$\psi_\pi := \psi_u : R[x_1, x_2, \cdots, x_n] \to R[x_1, x_2, \cdots, x_n],$$

$f(x_1, x_2, \cdots, x_n) \mapsto f(x_{\pi(1)}, x_{\pi(2)}, \cdots, x_{\pi(n)})$, 是一个环同构 (因为 $\psi_{\pi^{-1}}$ 是它的逆同态)! 事实上, 设 $\mathrm{Aut}(R[x_1, x_2, \cdots, x_n])$ 表示 $R[x_1, x_2, \cdots, x_n]$ 的环自同构群, 则 $\rho : S_n \to \mathrm{Aut}(R[x_1, x_2, \cdots, x_n])$, $\pi \mapsto \psi_\pi$ 是一个群同态.

定义 2.4.1 (对称多项式)   多项式 $f(x_1, x_2, \cdots, x_n) \in R[x_1, x_2, \cdots, x_n]$ 称为对称多项式, 如果 $\forall \pi \in S_n$, 有 $\psi_\pi(f) = f$, 即:

$$f(x_{\pi(1)}, x_{\pi(2)}, \cdots, x_{\pi(n)}) = f(x_1, x_2, \cdots, x_n), \quad \forall \pi \in S_n.$$

它的一个等价形式为: $\forall \pi = (ij) \in S_n$, 有 $\psi_\pi(f) = f$.

例 2.4.3 $s_k(x_1, x_2, \cdots, x_n) = \displaystyle\sum_{1 \leqslant i_1 < i_2 < \cdots < i_k \leqslant n} x_{i_1} x_{i_2} \cdots x_{i_k}$ 是对称多项式.

$$s_k = s_k(x_1, x_2, \cdots, x_n), \quad 1 \leqslant k \leqslant n$$

称为 n 元初等对称多项式.

例 2.4.4   设 $\psi : R \hookrightarrow R[x_1, x_2, \cdots, x_n]$ 是包含映射, $u = (s_1, s_2, \cdots, s_n)$. 则取值映射 $\psi_u : R[x_1, x_2, \cdots, x_n] \to R[x_1, x_2, \cdots, x_n]$ 的像为 $R[s_1, s_2, \cdots, s_n]$. 由对称多项式基本定理, $R[s_1, s_2, \cdots, s_n]$ 是 $R[x_1, x_2, \cdots, x_n]$ 中所有对称多项式的集合, 且满同态 $\psi_u : R[x_1, x_2, \cdots, x_n] \twoheadrightarrow R[s_1, s_2, \cdots, s_n] \subset R[x_1, x_2, \cdots, x_n]$ 是环同构!

下述的定理属于牛顿, 它断言任意对称多项式可表示成初等多项式的多项式! 它在研究多项式根式解问题中起到了重要作用.

定理 2.4.1 (对称多项式基本定理)   设 $f(x_1, x_2, \cdots, x_n) \in R[x_1, x_2, \cdots, x_n]$ 是任意对称多项式, 则存在唯一多项式 $g(y_1, y_2, \cdots, y_n) \in R[y_1, y_2, \cdots, y_n]$ 使得

$$f(x_1, x_2, \cdots, x_n) = g(s_1, s_2, \cdots, s_n),$$

其中 $g(y_1, y_2, \cdots, y_n)$ 的系数是 f 系数的 $\mathbb{Z}$-线性组合.

证明   令 $f = f_0 + f_1 + \cdots + f_d + \cdots + f_m$, 则 f 是对称多项式当且仅当齐次多项式 f_d $(0 \leqslant d \leqslant m)$ 是对称多项式. 所以无妨假设 $f(x_1, x_2, \cdots, x_n)$ 是 m 次对称齐次多项式. 由于 $f(x_1, x_2, \cdots, x_n)$ 是有限个 m 次单项式

$$a_{i_1 i_2 \cdots i_n} x_1^{i_1} x_2^{i_2} \cdots x_n^{i_n}, \quad i_1 + i_2 + \cdots + i_n = m$$

之和, 我们需要在所有 m 次单项式中约定一个排序 (俗称字典排序):

$$(i_1, i_2, \cdots, i_n) > (j_1, j_2, \cdots, j_n) \Leftrightarrow$$

$$(i_1, i_2, \cdots, i_n) - (j_1, j_2, \cdots, j_n) = (0, 0, \cdots, 0, t, *, \cdots, *), \ t > 0.$$

令 $\mathrm{FT}(f) = a_{i_1 i_2 \cdots i_n} x_1^{i_1} x_2^{i_2} \cdots x_n^{i_n}$ 表示 f (在上述字典排序意义下) 的首项, 则

(1) $\mathrm{FT}(h_1 \cdot h_2 \cdot \cdots \cdot h_r) = \mathrm{FT}(h_1) \cdot \mathrm{FT}(h_2) \cdot \cdots \cdot \mathrm{FT}(h_r)$;

(2) 设 $\mathrm{FT}(f) = a_{i_1 i_2 \cdots i_n} x_1^{i_1} x_2^{i_2} \cdots x_n^{i_n}$, 如果 f 是对称多项式, 则

$$i_1 \geqslant i_2 \geqslant \cdots \geqslant i_n.$$

设 $\mathrm{FT}(f) = a_{i_1 i_2 \cdots i_n} x_1^{i_1} x_2^{i_2} \cdots x_n^{i_n}$. 注意到 $\mathrm{FT}(s_k) = x_1 x_2 \cdots x_k$, 可得

$$\mathrm{FT}(a_{i_1 i_2 \cdots i_n} s_1^{i_1 - i_2} \cdot s_2^{i_2 - i_3} \cdots s_{n-1}^{i_{n-1} - i_n} \cdot s_n^{i_n})$$

$$= a_{i_1 i_2 \cdots i_n} x_1^{i_1 - i_2} \cdot (x_1 x_2)^{i_2 - i_3} \cdots (x_1 \cdots x_{n-1})^{i_{n-1} - i_n} \cdot (x_1 \cdots x_n)^{i_n}$$

$$= a_{i_1 i_2 \cdots i_n} x_1^{i_1} x_2^{i_2} \cdots x_n^{i_n} = \mathrm{FT}(f).$$

令 $f^{(1)}(x_1, x_2, \cdots, x_n) = f(x_1, x_2, \cdots, x_n) - a_{i_1 \cdots i_n} s_1^{i_1 - i_2} \cdot s_2^{i_2 - i_3} \cdots s_{n-1}^{i_{n-1} - i_n} \cdot s_n^{i_n}$, 则

$$\mathrm{FT}(f^{(1)}) < \mathrm{FT}(f)$$

且 $f^{(1)}(x_1, x_2, \cdots, x_n)$ 的系数是 f 系数的 $\mathbb{Z}$-线性组合. 对 $f^{(1)}(x_1, x_2, \cdots, x_n)$ 重复上述操作, 有限步后得 $f^{(\ell)} = 0$. 所以存在 $g(y_1, y_2, \cdots, y_n) \in R[y_1, y_2, \cdots, y_n]$ (其系数是 f 系数的 $\mathbb{Z}$-线性组合) 使得 $f(x_1, x_2, \cdots, x_n) = g(s_1, s_2, \cdots, s_n)$.

唯一性: 如果 $g_1(y_1, y_2, \cdots, y_n)$, $g_2(y_1, y_2, \cdots, y_n) \in R[y_1, \cdots, y_n]$ 满足 $f(x_1, x_2, \cdots, x_n) = g_1(s_1, s_2, \cdots, s_n) = g_2(s_1, s_2, \cdots, s_n)$, 令

$$g(y_1, y_2, \cdots, y_n) = g_1(y_1, y_2, \cdots, y_n) - g_2(y_1, y_2, \cdots, y_n),$$

则 $g(s_1, s_2, \cdots, s_n) = 0$. 如果 $g(y_1, y_2, \cdots, y_n)$ 是非零多项式, $a y_1^{k_1} y_2^{k_2} \cdots y_n^{k_n}$ 是 $g(y_1, y_2, \cdots, y_n)$ 的一个非零单项式, 则

$$\mathrm{FT}(a s_1^{k_1} \cdot s_2^{k_2} \cdot \cdots \cdot s_n^{k_n})$$

$$= a x_1^{k_1} \cdot (x_1 x_2)^{k_2} \cdots (x_1 \cdots x_{n-1})^{k_{n-1}} \cdot (x_1 \cdots x_n)^{k_n}$$

$$= a x_1^{k_1 + \cdots + k_n} x_2^{k_2 + \cdots + k_n} \cdots x_{n-1}^{k_{n-1} + k_n} x_n^{k_n} \neq 0.$$

从而 $\mathrm{FT}(g(s_1, s_2, \cdots, s_n)) \neq 0$, 它与 $g(s_1, s_2, \cdots, s_n) = 0$ 矛盾. $\qquad \square$

定义 2.4.2 (多项式的根) 设 A 是一个交换环, 整环 R 是 A 的子环 ($R \subset A$). $a \in A$ 称为多项式 $f(x) \in R[x]$ 的根, 如果 $f(a) = 0$. (贝祖 (Bézout) 定理: 如果 $f(a) = 0$, 则存在 $f_1(x) \in A[x]$ 使得 $f(x) = (x - a) f_1(x)$.)

定义 2.4.3 $a \in A$ 称为 $f(x) \in R[x]$ 的 k 重根 (或 k 重零点), 如果存在 $f_1(x) \in A[x]$ 使 $f(x) = (x - a)^k f_1(x)$, 但 $f_1(a) \neq 0$.

定理 2.4.2 设 A 是整环, $a_1, a_2, \cdots, a_r \in A$ 分别是多项式 $f(x) \in R[x]$ 的 $k_1, k_2, \cdots, k_r$ 重根. 则存在 $g(x) \in A[x]$ 使 $f(x) = (x - a_1)^{k_1}(x - a_2)^{k_2} \cdots (x - a_r)^{k_r} g(x)$ 且 $g(a_i) \neq 0$ 对所有 $1 \leqslant i \leqslant r$ 成立.

证明   对 r 用归纳法: $r = 1$ 时由定义可得. 设结论对 $r - 1$ 成立, 即存在 $h(x) \in A[x]$ 使 $f(x) = (x - a_1)^{k_1}(x - a_2)^{k_2} \cdots (x - a_{r-1})^{k_{r-1}} \cdot h(x)$, $h(a_i) \neq 0$ $(1 \leqslant i \leqslant r - 1)$. 由 $a_r \in A$ 是 $f(x)$ 的 k_r 重根且 $a_r \neq a_i$ $(1 \leqslant i \leqslant r - 1)$ 可知, a_r 是 $h(x)$ 的 k_r 重根. 事实上, 如果 a_r 是 $h(x)$ 的 s 重根, 则存在 $g(x) \in A[x]$ 使 $h(x) = (x - a_r)^s \cdot g(x)$ 且 $g(a_r) \neq 0$. 令

$$f_1(x) := (x - a_1)^{k_1}(x - a_2)^{k_2} \cdots (x - a_{r-1})^{k_{r-1}} \cdot g(x) \in A[x],$$

则 $f(x) = (x - a_r)^s f_1(x)$ 且 $f_1(a_r) \neq 0$ (A 是整环), 从而 $s = k_r$. 所以

$$f(x) = (x - a_1)^{k_1}(x - a_2)^{k_2} \cdots (x - a_r)^{k_r} g(x), \quad g(a_i) \neq 0 \quad (1 \leqslant i \leqslant r),$$

其中 $g(a_i) \neq 0$ $(1 \leqslant i \leqslant r - 1)$ 由 $0 \neq h(a_i) = (a_i - a_r)g(a_i)$ 得到 (因为 A 是整环). $\qquad\square$

定理 2.4.3 (韦达公式) 设 $f(x) = x^n + a_1 x^{n-1} + \cdots + a_{n-1} x + a_n \in R[x]$. 如果 $\alpha_1, \alpha_2, \cdots, \alpha_n \in A$ 是 $f(x)$ 的根 ($\alpha_1, \alpha_2, \cdots, \alpha_n \in A$ 可以相同), 则

$$a_k = (-1)^k s_k(\alpha_1, \alpha_2, \cdots, \alpha_n) \quad (1 \leqslant k \leqslant n).$$

证明   由定理 2.4.2, $f(x) = (x - \alpha_1)(x - \alpha_2) \cdots (x - \alpha_n)$. 将其展开并比较系数可得

$$a_k = (-1)^k s_k(\alpha_1, \alpha_2, \cdots, \alpha_n) \quad (1 \leqslant k \leqslant n).$$

$\qquad\square$

推论 2.4.1 $f(x) \in R[x]$ 在整环 A 中根的个数 (计算重数) 不超过 $\deg(f)$.

习 题 2.4

2.4.1   设 F 是一个域, $R = F[x_1, x_2, \cdots, x_n]$, 令 $R_m \subset R$ 表示所有 m 次齐次多项式的集合 (并上零多项式). 证明: R_m 是域 F 上的 $\begin{pmatrix} m + n - 1 \\ m \end{pmatrix}$ 维向量空间.

2.4.2   证明: $f(x_1, x_2, \cdots, x_n) \in F[x_1, x_2, \cdots, x_n]$ 是 m 次齐次多项式当且仅当 $f(tx_1, tx_2, \cdots, tx_n) = t^m f(x_1, x_2, \cdots, x_n)$, ($t$ 是一个新的不定元).

2.4.3   设 F 是一个域, $K \supset F$ 是 F 的一个扩域, 试证明: $a \in K$ 是多项式 $f(x) \in F[x]$ 的重根 $\Leftrightarrow f(a) = 0, f'(a) = 0$.

2.4.4   设 F 是一个无限域, $f(x_1, x_2, \cdots, x_n) \in F[x_1, x_2, \cdots, x_n]$ 是一非零多项式. 试证明: 存在 $a_1, a_2, \cdots, a_n \in F$, 使 $f(a_1, a_2, \cdots, a_n) \neq 0$.

2.4.5 设 $\psi : R \to A$ 是环同态, $u = (u_1, u_2, \cdots, u_n) \in A^n$ 满足:

$$u_i u_j = u_j u_i, \quad u_i \psi(a) = \psi(a) u_i \quad (\forall\, a \in R,\ 1 \leqslant i, j \leqslant n).$$

请直接验证取值映射 $\psi_u : R[x_1, x_2, \cdots, x_n] \to A$,

$$f = \sum_{i_1 i_2 \cdots i_n} a_{i_1 i_2 \cdots i_n} x_1^{i_1} x_2^{i_2} \cdots x_n^{i_n} \mapsto \psi_u(f) := \sum_{i_1 i_2 \cdots i_n} \psi(a_{i_1 i_2 \cdots i_n}) u_1^{i_1} u_2^{i_2} \cdots u_n^{i_n},$$

是一个环同态.

2.4.6 设 K 是一个域, $A = \{\, (a_{ij})_{n \times n} \,|\, a_{ij} \in K[\lambda] \,\}$ 是 n 阶 λ-矩阵环, $u = \lambda \cdot I_n \in A$ 表示对角线上全为 λ 的矩阵. 试证明: 如果 $R = M_n(K)$, $\psi : R \to R$ 是恒等映射, 则取值映射 $\psi_u : R[x] \to A$ 是一个环同构.

2.4.7 设 R 是一个无零因子的非交换环, $\psi : R \to R$ 是恒等映射. 证明存在 $u \in R$ 使得 $\psi_u : R[x] \to R$, $f(x) \mapsto f(u)$, 不是一个映射.

2.4.8 设 K 是一个域, $M_m(K)$ 是 m-阶矩阵环, $\psi : K \to M_m(K)$ 定义为 $\psi(a) = a \cdot I_m$ (对角线元素为 a 的数量矩阵). 令

$$u = (A, B) \in M_m(K) \times M_m(K), \quad AB \neq BA,$$

试证明 $\psi_u : K[x_1, x_2] \to M_m(K)$, $f(x_1, x_2) \mapsto f(A, B)$, 不是一个映射.

思维导图 2

第 3 章 域 扩 张

历史上, 为了表示正方形对角线的长度, 人们发现必须引入比有理数域 $\mathbb{Q}$ 更大的实数域 $\mathbb{R} \supset \mathbb{Q}$, 为了解多项式方程引入了复数域 $\mathbb{C} \supset \mathbb{R}$, 它们都是域扩张的例子. 从代数的观点看, 研究域扩张至少有两个动力: 一是解方程, 二是确定任意抽象域的结构.

对于一个 n 次不可约多项式 $f(x) \in \mathbb{Q}[x]$, 添加它的 n 个根 $\alpha_1, \alpha_2, \cdots, \alpha_n$ 得到 $\mathbb{C}$ 的一个子域 $F = \mathbb{Q}[\alpha_1, \alpha_2, \cdots, \alpha_n] \subset \mathbb{C}$. 我们将会看到, F 中每个数都是 $\mathbb{Q}$ 上某个多项式的根! 这样的域扩张称为 $\mathbb{Q}$ 上的代数扩张, 而分类 $\mathbb{Q}$ 上的所有代数扩张则是代数数论的中心问题! 某种意义上, 解方程 $f(x) = 0$ 等价于确定域扩张 $\mathbb{Q} \subset F$ 的结构! 例如, F 是否可由 $\mathbb{Q}$ 开始逐步添加一些简单方程的根得到? 即是否存在"域扩张"链:

$$\mathbb{Q} := F_0 \subset F_1 \subset \cdots \subset F_{i-1} \subset F_i \subset \cdots \subset F_m := F$$

使得 $F_i = F_{i-1}[\beta_i]$ $(1 \leqslant i \leqslant m)$ 是由 F_{i-1} 添加一个"简单多项式" $f_i(x) \in F_{i-1}[x]$ 的根 β_i 所得到?

对任意抽象域 K, 它的最小子域 $K_0 \subset K$ 要么同构于有理数域 $\mathbb{Q}$ (此时称 K 是特征 0 的域), 要么同构于 p 元域 $\mathbb{F}_p$ (p 是一个素数, 此时称 K 是特征 p 的域), 因此任何一个域 K 都是 $\mathbb{Q}$ 或 $\mathbb{F}_p$ 的域扩张! 如果 K 可由 K_0 添加有限个元素得到, 即存在有限个元素 $u_1, u_2, \cdots, u_n \in K$ 使得 $K = K_0(u_1, u_2, \cdots, u_n)$, 则称 K 是有限生成域. 可以证明, 对任意有限生成域 K, 存在 K_0 上的代数无关元 $x_1, x_2, \cdots, x_d \in K$ 使得 K 是 $K_0(x_1, x_2, \cdots, x_d)$ 上的代数扩张, 其中 $K_0(x_1, x_2, \cdots, x_d)$ 是多项式环 $K_0[x_1, x_2, \cdots, x_d]$ 的分式域, d 称为 K 的超越次数. 确定有限生成域的同构类是数学中一个远未解决的问题! 当 $d = 0$ 时, 它是代数数论的研究主题, 而当 $d > 0$ 时, 它是代数几何中双有理分类的终极目标.

3.1 基 本 概 念

由域 K 构造一个包含 K 的域 L, 通常是指构造了一个非平凡的域同态 (它必为单射)$K \hookrightarrow L$, 将 K 与它的同态像等同后得到的域扩张 $K \subset L$.

定义 3.1.1 设 K 是一个域, $K \subset L$ 称为一个域扩张, 如果 K 是域 L 的子域.

例 3.1.1 $\mathbb{Q} \subset \mathbb{R}, \mathbb{R} \subset \mathbb{C}, \mathbb{Q} \subset \mathbb{Q}[i] = \{a + bi \mid a, b \in \mathbb{Q}\}$ 都是域扩张.

例 3.1.2 设 K 是一个域, $K_0 \subset K$ 是 K 的素域 (K 的最小子域), 则

$$K_0 \cong \begin{cases} \mathbb{Q}, & \mathrm{char}(K) = 0, \\ \mathbb{F}_p, & \mathrm{char}(K) = p > 0, \end{cases}$$

因此, 任意域 K 要么是 $\mathbb{Q}$ 的扩张, 要么是 $\mathbb{F}_p$ 的扩张.

定义 3.1.2 (扩张次数) 设 $K \subset L$ 是一个域扩张, 则 L 是一个 K-向量空间. $[L : K] := \dim_K(L)$ 称为 $K \subset L$ 的扩张次数.

例 3.1.3 $[\mathbb{R} : \mathbb{Q}] = +\infty$, $[\mathbb{C} : \mathbb{R}] = 2$, $[\mathbb{Q}[\alpha] : \mathbb{Q}] = \deg p(x)$.

定义 3.1.3 (代数扩张) 设 $K \subset L$ 是一个域扩张, $\alpha \in L$ 称为 K 上的代数元, 如果存在非零多项式 $f(x) \in K[x]$ 使得 $f(\alpha) = 0$. $K \subset L$ 称为 K 的代数扩张, 如果 L 中每一个元都是 K 上的代数元.

定义 3.1.4 (有限扩张) 如果 $[L : K] < +\infty$, 则称 $K \subset L$ 是有限扩张, 否则称为无限扩张.

例 3.1.4 有限扩张 $K \subset L$ 必为代数扩张.

例 3.1.5 (根的构造) 设 K 是一个域, $p(x) \in K[x]$ 是 n 次不可约多项式, 则商环 $E = K[x]/(p(x))$ 是一个域, 商同态 $K[x] \xrightarrow{\varphi} E$ 诱导了域嵌入

$$K \hookrightarrow E, \quad a \mapsto \varphi(a) := \bar{a}.$$

如果将 a 与 $\bar{a} \in E$ 等同, 令 $\alpha = \bar{x} \in E$ 表示 $\varphi(x)$, 则 $p(\alpha) = 0$ 且 $E = \{a_0 + a_1\alpha + \cdots + a_{n-1}\alpha^{n-1} \mid a_i \in K\} = K[\alpha]$ 是 K 的 n 次域扩张.

定理 3.1.1 设 $F \subset K \subset L$ 是域扩张. 如果 $F \subset K$, $K \subset L$ 是有限扩张, 则 $F \subset L$ 也是有限扩张且 $[L : F] = [L : K] \cdot [K : F]$.

证明 设 $\alpha_1, \alpha_2, \cdots, \alpha_m \in K$ 是 F 上的一组基, $\beta_1, \beta_2, \cdots, \beta_n \in L$ 是 K 上的一组基, 则 $\{\alpha_i \cdot \beta_j \in L \mid 1 \leqslant i \leqslant m, 1 \leqslant j \leqslant n\} \subset L$ 是 F 上的一组基. 事实上, $\forall x \in L$, 存在 $\lambda_j \in K$ 及 $a_{ij} \in F$ 使 $x = \sum\limits_{j=1}^{n} \lambda_j \beta_j$, $\lambda_j = \sum\limits_{i=1}^{m} a_{ij} \cdot \alpha_i$, 故

$$x = \sum_{j=1}^{n} \left(\sum_{i=1}^{m} a_{ij}\alpha_i \right) \beta_j = \sum_{j=1}^{n} \sum_{i=1}^{m} a_{ij}\alpha_i\beta_j.$$

只需证明 $\{\alpha_i\beta_j \mid 1 \leqslant i \leqslant m, 1 \leqslant j \leqslant n\}$ 在 F 上线性无关. 若存在 $b_{ij} \in F$ 使 $\sum\limits_{i,j} b_{ij}\alpha_i\beta_j = 0$, 则

$$\sum_{j=1}^{n} \left(\sum_{i=1}^{m} b_{ij}\alpha_i \right) \beta_j = 0, \quad \sum_{i=1}^{m} b_{ij}\alpha_i \in K.$$

由 $\beta_1, \beta_2, \cdots, \beta_n \in L$ 在 K 上线性无关得 $\sum\limits_{i=1}^{m} b_{ij}\alpha_i = 0 \ (1 \leqslant j \leqslant n)$. 由 $\alpha_1, \alpha_2, \cdots, \alpha_m \in K$ 在 F 上线性无关得 $b_{ij} = 0 \ (1 \leqslant j \leqslant n)$. $\qquad\square$

定义 3.1.5 (极小多项式) 设 α 是 K 上的一个代数元. 在以 α 为根的多项式中, 令 $\mu_\alpha(x) \in K[x]$ 是首项系数为 1 的, 最小次数的多项式. $\mu_\alpha(x)$ 称为 α 的极小多项式.

定理 3.1.2 设 α 是 K 上的代数元, $\mu_\alpha(x) \in K[x]$ 是 α 的极小多项式, 则

(1) $\mu_\alpha(x)$ 是不可约多项式;

(2) 对任意多项式 $f(x) \in K[x]$, 如果 $f(\alpha) = 0$, 则 $\mu_\alpha(x) \mid f(x)$;

(3) $[K[\alpha] : K] = \deg \mu_\alpha(x)$.

证明 仅证明 (3), 读者可自证 (1) 和 (2). 令 $n = \deg \mu_\alpha(x)$, 则

$$K[\alpha] = \{a_0 + a_1\alpha + \cdots + a_{n-1}\alpha^{n-1} \mid a_i \in K\}.$$

只需证明 $1, \alpha, \cdots, \alpha^{n-1} \in K[\alpha]$ 在 K 上线性无关. 但如果 $1, \alpha, \cdots, \alpha^{n-1}$ 在 K 上线性相关, 则存在非零 $f(x) \in K[x]$, $\deg f(x) < n$ 使得 $f(\alpha) = 0$, 与 $\mu_\alpha(x)$ 的选取相矛盾. $\qquad\square$

推论 3.1.1 设 $K \subset L$ 是域扩张, 如果 $\alpha, \beta \in L$ 是 K 上的代数元, 则 $\alpha \pm \beta, \ \alpha \cdot \beta, \ \alpha \cdot \beta^{-1} \ (\beta \neq 0)$ 也是 K 上的代数元 (即 K 上的所有代数元组成一个域).

证明 由 $\alpha \in L$ 是 K 上代数元可知 $K \subset K[\alpha]$ 是有限扩张. 由 $\beta \in L$ 在 K 上代数知 β 在 $K[\alpha]$ 上代数, 因此 $K[\alpha] \subset K[\alpha, \beta]$ 是有限扩张. 所以, $K \subset K[\alpha, \beta]$ 也是有限扩张, 从而是代数扩张. 故 $\alpha \pm \beta, \alpha\beta, \alpha \cdot \beta^{-1} \in K[\alpha, \beta]$ 是 K 上代数元. $\qquad\square$

例 3.1.6 $\sqrt{2} + \sqrt{3} \in \mathbb{R}$ 是 $\mathbb{Q}$ 上代数元, $\sqrt{2} + \sqrt[3]{3} + \sqrt[5]{5} \in \mathbb{R}$ 是 $\mathbb{Q}$ 上代数元.

例 3.1.7 令 $\overline{\mathbb{Q}} = \{z \in \mathbb{C} \mid z \text{ 是 } \mathbb{Q} \text{ 上的代数元}\} \subset \mathbb{C}$ 是一个域, 则 $\mathbb{Q} \subset \overline{\mathbb{Q}}$ 是代数扩张, 但是 $[\overline{\mathbb{Q}} : \mathbb{Q}] = +\infty$ ($\forall$ 素数 $p > 0, f(x) = x^p - p \in \mathbb{Q}[x]$ 不可约. 设 $\alpha \in \overline{\mathbb{Q}}$ 是 $f(x) = x^p - p$ 的一个根, 则 $[\mathbb{Q}[\alpha] : \mathbb{Q}] = p \Rightarrow [\overline{\mathbb{Q}} : \mathbb{Q}] \geqslant p$).

注意: $\mathbb{C} \setminus \overline{\mathbb{Q}}$ 中的数称为超越数. 例如, $\{\pi, e, \cdots\} \subset \mathbb{C} \setminus \overline{\mathbb{Q}}$ (事实上, $\mathbb{C} \setminus \overline{\mathbb{Q}}$ 是一个不可数集合, 而 $\overline{\mathbb{Q}}$ 是一个可数集合).

习 题 3.1

3.1.1 设 K 是特征零的域, $f(x) \in K[x]$ 是次数大于零的首项系数为 1 的多项式, $d(x) = (f(x), f'(x))$ 是 $f(x)$ 与 $f'(x)$ 的最大公因子. 令

$$f(x) = d(x) \cdot g(x).$$

证明: $g(x)$ 与 $f(x)$ 有相同的根且 $g(x)$ 没有重根.

3.1.2 设 $K \subset L$ 是域扩张, $\alpha \in L$ 是域 K 上的代数元. 令 $K[x] \xrightarrow{\psi_\alpha} L$, $f(x) \mapsto f(\alpha)$, 表示多项式在 $x = \alpha$ 的取值映射. 试证明:

(1) $\ker(\psi_\alpha)$ 由极小多项式 $\mu_\alpha(x)$ 生成;

(2) ψ_α 诱导了域同构 $\mathbb{K}[x]/(\mu_\alpha(x)) \cong K[\alpha]$.

3.1.3 设 $E = \mathbb{Q}[u], u^3 - u^2 + u + 2 = 0$. 试将 $(u^2 + u + 1)(u^2 - u)$ 和 $(u - 1)^{-1}$ 表示成 $au^2 + bu + c(a, b, c \in \mathbb{Q})$ 的形式.

3.1.4 求 $[\mathbb{Q}[\sqrt{2}, \sqrt{3}] : \mathbb{Q}]$ (提示: 证明 $[\mathbb{Q}[\sqrt{2}, \sqrt{3}] : \mathbb{Q}[\sqrt{3}]] = 2$).

3.1.5 设 p 是一个素数, $z \in \mathbb{C}$ 满足 $z^p = 1$ 且 $z \neq 1$, 试证明 $[\mathbb{Q}[z] : \mathbb{Q}] = p - 1$.

3.1.6 证明:

(1) $U_n = \{z \in \mathbb{C} \mid z^n = 1\}$ 是一个循环群;

(2) $z = \cos\dfrac{\pi}{6} + i\sin\dfrac{\pi}{6}$ 是 U_{12} 的一个生成元, 但 $[\mathbb{Q}[z] : \mathbb{Q}] = 4$;

(3) 求 $z = \cos\dfrac{\pi}{6} + i\sin\dfrac{\pi}{6}$ 在 $\mathbb{Q}$ 上的极小多项式.

3.1.7 设 $E = K[u]$ 是一个代数扩张, 且 u 的极小多项式的次数是奇数. 证明: $E = K[u^2]$.

3.1.8 设 E_1, E_2 是域扩张 $K \subset L$ 的中间域 (即: $K \subset E_i \subset L$), 且 $[E_i : K] < +\infty$. 令 $E = K[E_1, E_2] \subset L$ 是由 E_1, E_2 生成的子域. 证明:

$$[E : K] \leqslant [E_1 : K] \cdot [E_2 : K].$$

3.1.9 设 $K \subset L$ 是代数扩张, $E \subset L$ 是中间子环 (即: $K \subset E \subset L$). 证明: $E \subset L$ 必为子域 (所以任何有限扩张 $K \subset L$ 的中间子环必为域).

3.1.10 设 $L = K(u), u$ 是 K 上的超越元, $E \neq K$ 是 $K \subset L$ 的中间域. 证明: u 是 E 上的代数元.

3.1.11 设 p 是素数, $K \subset L$ 是 p 次扩张. 证明: $K \subset L$ 必为单纯扩张 (即: 存在 $u \in L$, 使 $L = K[u]$).

3.1.12 设域扩张 $K \subset L$ 满足条件:

(1) $[L : K] < +\infty$;

(2) 对任意两个中间域 $K \subset E_1 \subset L$, $K \subset E_2 \subset L$, 必有 $E_1 \subset E_2$ 或者 $E_2 \subset E_1$.

证明: $K \subset L$ 必为单纯扩张 (即: 存在 $u \in L$, 使 $L = K[u]$).

3.1.13 设 $\alpha = 2 + \sqrt[3]{2} + \sqrt[3]{4}$, 给出一个首项系数为 1 的最低次数的多项式 $f(x) \in \mathbb{Q}[x]$ 使 $f(\alpha) = 0$.

3.1.14 设 $K = \mathbb{Q}[\sqrt[3]{3}]$, 证明: $x^5 - 5$ 在 $K[x]$ 中不可约.

3.1.15 设 k 是特征 $p > 0$ 的域, x, y 是 k 上的代数无关元. 令 $K = k(x^p, y^p)$, $L = k(x, y)$. 试证明 $[L : K] = p^2$.

3.2 可 构 造 域

本节我们介绍一个由几何作图产生的域扩张, 它源于著名的直尺–圆规作图问题: 设 $S_1 = \{P_1, P_2, \cdots, P_n\}$ 是平面 ω 上给定的 n 个点, 平面上什么样的点可由 $P_1, P_2, \cdots, P_n$ 通过直尺–圆规作出? 在讨论之前, 需要明确定义什么是 "可由 $P_1, P_2, \cdots, P_n$ 通过直尺–圆规作出的点"?

令 $C(S_1)$ 是由 S_1 通过如下三种方式获得的点集:

(1) S_1 中任意两点确定的直线之间的交点;

(2) 以 S_1 中任意点为圆心, 与另一点的距离为半径所作圆之间的交点;

(3) 上述 (1) 中产生的直线与 (2) 中产生的圆之间的交点.

我们可以归纳地定义平面 ω 上的点集: $S_{i+1} := S_i \cup C(S_i)$.

定义 3.2.1 $C(P_1, P_2, \cdots, P_n) = \bigcup\limits_{i=1}^{\infty} S_i$ 称为由 $P_1, P_2, \cdots, P_n$ 经直尺与圆规构造的点集 (亦称可构造集).

选取直角坐标系, 建立平面 ω 与复数域 $\mathbb{C}$ 之间的双射: $(x, y) \mapsto x + yi$. 令 $z_1, z_2, \cdots, z_n \in \mathbb{C}$ 是 $P_1, P_2, \cdots, P_n$ 对应的复数, $C(z_1, z_2, \cdots, z_n) \subset \mathbb{C}$ 是可构造集 $C(P_1, P_2, \cdots, P_n) \subset \omega$ 在上述双射下的像.

定理 3.2.1 选取直角坐标系使 $P_1 = (0, 0)$, $P_2 = (1, 0)$, 则

(1) $C(z_1, z_2, \cdots, z_n) \subset \mathbb{C}$ 是包含 $z_1, z_2, \cdots, z_n$ 的子域, 且满足:

(i) $\forall z \in C(z_1, z_2, \cdots, z_n) \Rightarrow \bar{z} \in C(z_1, z_2, \cdots, z_n)$;

(ii) $\forall z \in C(z_1, z_2, \cdots, z_n) \Rightarrow \sqrt{z} \in C(z_1, z_2, \cdots, z_n)$.

(2) $C(z_1, z_2, \cdots, z_n)$ 是包含 $z_1, z_2, \cdots, z_n$ 且满足条件 (i) 和 (ii) 的最小子域.

证明 (1) 先证明 $C(z_1, z_2, \cdots, z_n) \subset \mathbb{C}$ 是子域: $\forall z, z' \in C(z_1, z_2, \cdots, z_n)$, 如图 (已知 $0, 1 \in C(z_1, z_2, \cdots, z_n)$) 可证 $z + z', -z \in C(z_1, z_2, \cdots, z_n)$.

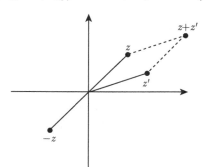

$$|z + z' - z'| = |z|, \quad |z + z' - z| = |z'|$$

即: $z + z'$ 是圆 $|w - z'| = |z|$ 与圆 $|w - z| = |z'|$ 的交点.

上述构造表明: 过任意点与另一直线的平行线可由圆规与直尺作出. 因此,

$$z = x + yi \in C(z_1, z_2, \cdots, z_n) \Leftrightarrow x, y \in C(z_1, z_2, \cdots, z_n).$$

令 $z = x + yi$, $z' = x' + y'i \in C(z_1, z_2, \cdots, z_n)$, 则

$$zz' = (xx' - yy') + (xy' + x'y)i, \quad \frac{1}{z} = \frac{x}{x^2 + y^2} - \frac{y}{x^2 + y^2}i.$$

所以只需证明: 对任意实数 $\alpha, \beta \in C(z_1, z_2, \cdots, z_n)$, $\alpha \cdot \beta$, $\dfrac{\alpha}{\beta} \in C(z_1, z_2, \cdots, z_n)$.
而它们显然可由下图作出:

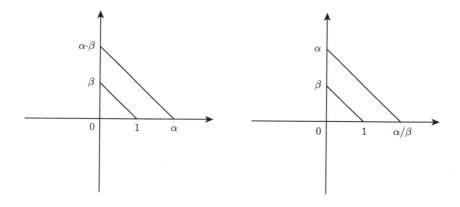

$\forall \ z \in C(z_1, z_2, \cdots, z_n)$, $\bar{z} \in C(z_1, z_2, \cdots, z_n)$ 的证明可由下图

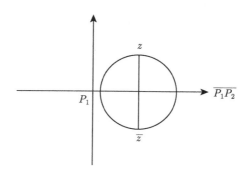

得到. 而 $\sqrt{z} \in C(z_1, z_2, \cdots, z_n)$ 可证明如下: 令 $z = r(\cos\theta + i\sin\theta)$, 则

$$\sqrt{z} = \sqrt{r}\left(\cos\frac{\theta}{2} + i\sin\frac{\theta}{2}\right).$$

因 $\dfrac{\theta}{2}$ 和 r 可构造, 由下图可证 $\sqrt{r}$ 也可构造 (因此 $\sqrt{z}$ 可构造).

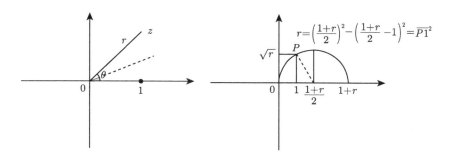

(2) 最小性: 如果 $C' \subset \mathbb{C}$ 是包含 $z_1, z_2, \cdots, z_n$ 的子域, 且满足

$$\forall\, z \in C' \Rightarrow \bar{z},\ \sqrt{z} \in C',$$

则 $C(z_1, z_2, \cdots, z_n) \subset C'$. 令 $P(C') = \{\,(x, y) \in \omega \mid x + yi \in C'\,\}$ 是 C' 对应的点集, 它包含给定点 $P_1, P_2, \cdots, P_n$, 因此只需证明 $P(C')$ 关于尺规作图封闭. 首先不难证明: $(x, y) \in P(C') \Leftrightarrow x, y \in C'$. 事实上,

$$-1 \in C' \Rightarrow i = \sqrt{-1} \in C', \quad z = x + yi \in C' \Rightarrow \bar{z} = x - yi \in C'.$$

所以, $z = x + yi \in C' \Leftrightarrow x, y \in C'$. 考虑 $P(C')$ 中任意两点确定的直线和圆, 它们方程的系数都在 C' 中, 所以它们交点的坐标都在 C' 中 (注意 C' 中元素的平方根都在 C' 中), 故它们交点都在 $P(C')$ 中, 即 $P(C')$ 关于尺规作图封闭.   □

定义 3.2.2 域 $C(z_1, z_2, \cdots, z_n)$ 称为可构造域.

推论 3.2.1 (可构造域的结构) 令 $K = \mathbb{Q}(z_1, z_2, \cdots, z_n, \bar{z}_1, \bar{z}_2, \cdots, \bar{z}_n) \subset \mathbb{C}$ 是由 $z_1, z_2, \cdots, z_n, \bar{z}_1, \bar{z}_2, \cdots, \bar{z}_n$ 生成的域, 则

$$C(z_1, z_2, \cdots, z_n) = \bigcup_{\substack{u_1, u_2, \cdots, u_r \in \mathbb{C} \\ \text{满足: } u_1^2 \in K, \\ u_i^2 \in K[u_1, u_2, \cdots, u_{i-1}]}} K[u_1, u_2, \cdots, u_r] \subset \mathbb{C}$$

即: $z \in C(z_1, z_2, \cdots, z_n) \Leftrightarrow$ 存在 $u_1, u_2, \cdots, u_r \in \mathbb{C}$ 使 $z \in K[u_1, u_2, \cdots, u_r]$, 其中

$$u_1^2 \in K,\ u_i^2 \in K[u_1, u_2, \cdots, u_{i-1}] \quad (2 \leqslant i \leqslant r).$$

证明 令 C' 表示需证等式右边的集合, 不难证明 $C' \subset C(z_1, z_2, \cdots, z_n)$. 事实上, 只需证明 $K[u_1, u_2, \cdots, u_r] \subset C(z_1, z_2, \cdots, z_n)$: 由 $u_1^2 \in K \subset C(z_1, z_2, \cdots, z_n)$ 得 $u_1 \in C(z_1, z_2, \cdots, z_n)$, 故 $K[u_1] \subset C(z_1, z_2, \cdots, z_n)$. 所以无妨假设

$$K[u_1, u_2, \cdots, u_{r-1}] \subset C(z_1, z_2, \cdots, z_n).$$

又由 $u_r^2 \in K[u_1, u_2, \cdots, u_{r-1}] \subset C(z_1, z_2, \cdots, z_n)$ 得 $u_r \in C(z_1, z_2, \cdots, z_n)$, 故

$$K[u_1, u_2, \cdots, u_r] \subset C(z_1, z_2, \cdots, z_n)$$

对任意 r 成立. 最后, 为证 $C' = C(z_1, z_2, \cdots, z_n)$, 只需验证: C' 也是满足条件 (i) 和 (ii) 的子域. 事实上, $\forall \, z, z' \in C'$, 存在 $u_1, u_2, \cdots, u_r, u_1', u_2', \cdots, u_s'$ 使

$$z \in K[u_1, u_2, \cdots, u_r], \quad z' \in K[u_1', u_2', \cdots, u_s'],$$

故 $z + z', zz', z^{-1} \in K[u_1, u_2, \cdots, u_r, u_1', u_2', \cdots, u_s'] \subset C'$, 因此 C' 是一个域. 同理可证: C' 满足条件 (i) 和 (ii). □

推论 3.2.2 (判别法) 设 $K = \mathbb{Q}(z_1, z_2, \cdots, z_n, \bar{z}_1, \bar{z}_2, \cdots, \bar{z}_n)$, 则

$$z \in C(z_1, z_2, \cdots, z_n) \implies [K[z] : K] = 2^\ell.$$

证明 $z \in C(z_1, z_2, \cdots, z_n) \implies z \in K[u_1, u_2, \cdots, u_r]$, 但

$$K[u_1, u_2, \cdots, u_r] \supset K[u_1, u_2, \cdots, u_{r-1}] \supset \cdots \supset K[u_1] \supset K,$$

故 $[K[u_1, u_2, \cdots, u_r] : K] = 2^s$, 从而 $[K[z] : K] = 2^\ell$. □

定义 3.2.3 子域 $L \subset \mathbb{C}$ 称为 K 上的二次根塔, 如果存在域扩张

$$K = K_0 \subset K_1 \subset K_2 \subset \cdots \subset K_r = L,$$

其中 $[K_i : K_{i-1}] = 2, \, 1 \leqslant i \leqslant r$.

不难看出, $L \subset \mathbb{C}$ 是 K 上的一个二次根塔 (或称平方根塔) 当且仅当存在 $u_1, u_2, \cdots, u_r \in \mathbb{C}$ 使得 $L = K[u_1, u_2, \cdots, u_r]$, 其中 $u_1^2 \in K$, $u_i^2 \in K[u_1, u_2, \cdots, u_{i-1}]$. 因此, $C(z_1, z_2, \cdots, z_r)$ 是 K 上所有二次根塔的并集.

应用 3.2.1 (三等分角) $60°$ 角不能用直尺圆规三等分.

证明 $60°$ 角由三个点确定, 选取坐标系使 $P_1 = (0, 0), P_2 = (1, 0)$,

$$P_3 = (\cos 60°, \sin 60°) = \left(\frac{1}{2}, \frac{\sqrt{3}}{2} \right).$$

故 $z_3 = \frac{1}{2}(1 + \sqrt{-3})$, $K = \mathbb{Q}(z_1, z_2, z_3, \bar{z}_1, \bar{z}_2, \bar{z}_3) = \mathbb{Q}[\sqrt{-3}]$. 只需证明:

$$z = \cos 20° + i \sin 20° \notin C(z_1, z_2, z_3).$$

否则, $a = \cos 20° \in C(z_1, z_2, z_3)$ 推出 $[K[a] : K] = 2^\ell$. 由

$$[K[a] : \mathbb{Q}] = [K[a] : K] \cdot [K : \mathbb{Q}] = 2^{\ell+1}$$

及 $[K[a] : \mathbb{Q}] = [K[a] : \mathbb{Q}[a]] \cdot [\mathbb{Q}[a] : \mathbb{Q}]$, 可得 $[\mathbb{Q}[a] : \mathbb{Q}] = 2^s$.

另一方面, 利用 $\cos(3\theta) = 4\cos^3\theta - 3\cos\theta$, 令 $\theta = 20°$, 则

$$4a^3 - 3a - \frac{1}{2} = 0,$$

即 $a = \cos 20°$ 是不可约多项式 $f(x) = 4x^3 - 3x - \frac{1}{2} \in \mathbb{Q}[x]$ 的根, 因此 $[\mathbb{Q}[a] : \mathbb{Q}] = 3$ (与 $[\mathbb{Q}[a] : \mathbb{Q}] = 2^s$ 矛盾). 为证明 $f(x) = 4x^3 - 3x - \frac{1}{2}$ 不可约, 只需证明 $f\left(\frac{1}{2}x\right) = \frac{1}{2}(x^3 - 3x - 1)$ 不可约. 如果 $x^3 - 3x - 1 \in \mathbb{Q}[x]$ 可约, 则存在 $\alpha = \frac{b}{a} \in \mathbb{Q}, (a, b) = 1$ 使 $f(\alpha) = 0$, 即 $b^3 - 3a^2b - a^3 = 0$. 故 $a \mid b^3$, $b \mid a^3$, 从而 $\alpha = \pm 1$. 但 $f(\pm 1) \neq 0$ 与 $f(\alpha) = 0$ 矛盾. $\qquad\square$

应用 3.2.2 不能用直尺与圆规构造立方体使其体积是给定立方体体积的 2 倍.

证明 无妨设给定立方体的体积为 1, 则该问题等价为: 给定 $\overline{P_1P_2} = 1$, 能否构造出长度为 $\sqrt[3]{2}$ 的线段. 选取坐标系使 $P_1 = (0, 0)$, $P_2 = (1, 0)$, 则 $K = \mathbb{Q}(z_1, z_2, \bar{z}_1, \bar{z}_2) = \mathbb{Q}$, 问题等价于: 是否有 $\sqrt[3]{2} \in C(z_1, z_2)$?

如果 $\sqrt[3]{2} \in C(z_1, z_2)$, 由推论 3.2.2 可知: $[\mathbb{Q}[\sqrt[3]{2}] : \mathbb{Q}] = 2^\ell$. 这是不可能的, 因为 $[\mathbb{Q}[\sqrt[3]{2}] : \mathbb{Q}] = 3$. $\qquad\square$

应用 3.2.3 (正多边形构造) 不能用直尺与圆规构造正七边形.

证明 设 p 是一个素数, 是否可用直尺与圆规构造正 p 边形等价于: 是否有 $z = \cos\frac{2\pi}{p} + i \sin\frac{2\pi}{p} \in C(z_1, z_2)$? 由推论 3.2.2: $z \in C(z_1, z_2)$ 的必要条件是

$$[\mathbb{Q}[z] : \mathbb{Q}] = 2^\ell.$$

z 是不可约多项式 $x^{p-1} + \cdots + x + 1$ 的根, 故 $[\mathbb{Q}[z] : \mathbb{Q}] = p - 1$. 因此, 正 p 边形可构造的必要条件是 $p = 2^\ell + 1$. 但 $7 - 1 = 6 \neq 2^\ell$, 所以仅用直尺与圆规构造不出正七边形. $\qquad\square$

高斯在十八岁时用直尺–圆规构造了正 17 边形, 他在《算术研究》(Disquisitiones Arithmeticae) 中给出了 17 次本原单位根的明确公式:

$$\cos(2\pi/17) = -\frac{1}{16} + \frac{1}{16}\sqrt{17} + \frac{1}{16}\sqrt{34 - 2\sqrt{17}}$$
$$+ \frac{1}{8}\sqrt{17 + 3\sqrt{17} - \sqrt{34 - 2\sqrt{17}} - 2\sqrt{34 + 2\sqrt{17}}} \ .$$

(据说正是因为这一发现促使高斯选择数学作为职业.) 实际上, 正 p 边形可由直尺–圆规构造的充分条件也是素数 $p = 2^\ell + 1$, 但它的证明需要对域扩张做更精细的研究.

习 题 3.2

3.2.1 解释说明 $3°$ 角可以由尺规作出, 但是 $1°$ 角不可作.

3.2.2 设 $\zeta_{17} = \cos(2\pi/17) + i\sin(2\pi/17)$, $L = \mathbb{Q}[\zeta_{17}]$. 请利用高斯关于 $\cos(2\pi/17)$ 的公式写出 $\mathbb{Q} \subset L$ 的中间域使 $L = \mathbb{Q}[\zeta_{17}]$ 成为 $\mathbb{Q}$ 上的一个二次根塔.

3.3 方程与扩域

设 K 是一个域, $f(x) \in K[x]$ 是一个首项系数为 1 的多项式. K 的一个域扩张 L 称为 $f(x)$ 的一个分裂域, 如果它满足:

(1) 存在 $\alpha_1, \alpha_2, \cdots, \alpha_m \in L$ 使得 $f(x) = (x - \alpha_1)(x - \alpha_2) \cdots (x - \alpha_m)$;

(2) $L = K[\alpha_1, \alpha_2, \cdots, \alpha_m]$.

换言之, $K \subset L$ 是使得 $f(x)$ 在 $L[x]$ 中分裂成一次多项式的最小域扩张.

设 $f(x) = f_1^{m_1}(x)f_2^{m_2}(x) \cdots f_k^{m_k}(x) \in K[x]$, 则 L 是 $f(x)$ 的分裂域当且仅当它是 $g(x) = f_1(x)f_2(x) \cdots f_k(x)$ 的分裂域. 因此, 在讨论多项式 $f(x)$ 的分裂域时, 我们总假设 $f(x)$ 没有重因子. 下面首先证明对于任意的 $f(x) \in K[x]$, 存在 $f(x)$ 的分裂域 L.

例 3.3.1 设 $K \subset \mathbb{C}$ 是一个子域, $f(x) \in K[x]$ 是次数大于零的任意多项式, 令 $\alpha_1, \alpha_2, \cdots, \alpha_n \in \mathbb{C}$ 是 $f(x)$ 的全部根, 则 $L = K[\alpha_1, \alpha_2, \cdots, \alpha_n] \subset \mathbb{C}$ 是 $f(x)$ 的一个分裂域.

该构造利用了 "K 包含在一个代数闭域 $\mathbb{C}$ 中" 的事实. 实际上任意的域 K 都可嵌入一个代数闭域 K^a: 存在代数扩张 $K \subset K^a$ 使得 $K^a[x]$ 中每个次数大于零的多项式在 K^a 中都有根 (即 K^a 是代数闭域), K^a 称为 K 的代数闭包. 利用任意域

K 的代数闭包存在性, 很容易构造 $f(x) \in K[x]$ 的分裂域: 设 $\alpha_1, \alpha_2, \cdots, \alpha_n \in K^a$ 是 $f(x)$ 的全部根, 则 $L = K[\alpha_1, \alpha_2, \cdots, \alpha_n] \subset K^a$ 是 $f(x)$ 的一个分裂域. 下面给出一个不依赖 K^a 的存在性, 仅依赖 K 和 $f(x) \in K[x]$ 的构造, 它实际上是 K^a 存在性证明中最基本的构造.

定理 3.3.1 设 K 是一个域, $f(x) \in K[x]$, 则存在 $f(x)$ 的分裂域 $L \supset K$.

证明 对 $n = \deg f(x)$ 做归纳法: 如果 $n = 1$ 或 $f(x)$ 的不可约因子都是一次多项式, 则 $L = K$ 是 $f(x)$ 的分裂域. 如果 $f(x)$ 有一个次数大于 1 的不可约因子 $p(x) \in K[x]$, 则 $L_1 := K[x]/(p(x))$ 是一个域, 商同态 $K[x] \xrightarrow{\varphi} L_1$ 诱导了域嵌入 $K \hookrightarrow L_1$ $(a \to \varphi(a) := \bar{a})$. 将 K 与它在 L_1 中的像等同, 令 $\alpha_1 = \varphi(x) \in L_1$, 则 $L_1 = K[\alpha_1] \supset K$ 的扩张次数等于 $\deg p(x)$, 且存在 $f_1(x) \in L_1[x]$ 使得 $f(x) = (x - \alpha_1) f_1(x)$. 设 L 是 $f_1(x) \in L_1[x]$ 的分裂域, 则存在 $\alpha_2, \alpha_3, \cdots, \alpha_n \in L$ 使得 $L = L_1[\alpha_2, \alpha_3, \cdots, \alpha_n]$ 且 $f_1(x) = (x - \alpha_2)(x - \alpha_3) \cdots (x - \alpha_n)$. 不难验证, L 是 $f(x)$ 的分裂域. $\qquad\square$

求解多项式方程 $f(x) = 0$ 可以翻译成分类**中间域** $K \subset E \subset L$. 根据伽罗瓦理论, 中间域的分类可以归结为伽罗瓦群

$$\mathrm{Gal}(L/K) = \{\text{域同构 } L \xrightarrow{\varphi} L \mid \varphi|_K = \mathrm{id}\}$$

的子群分类. 所以了解 $\mathrm{Gal}(L/K)$ 的结构极其重要. 如果 $\alpha_1 \in L$ 是 $f(x)$ 的根, 则对任意 $\varphi \in \mathrm{Gal}(L/K)$, $\varphi(\alpha_1) \in L$ 也是 $f(x)$ 的根. 所以 φ 在 $f(x)$ 的全部根集合 $S = \{\alpha_1, \alpha_2, \cdots, \alpha_n\} \subset L$ 上诱导了一个双射 $S \xrightarrow{\varphi|_S} S$. 显然, 如果 $f(x)$ 在 L 中没有重根, 则 $\varphi \mapsto \varphi|_S$ 定义了单同态 $\mathrm{Gal}(L/K) \hookrightarrow S_n$, 即 $\mathrm{Gal}(L/K)$ 同构于对称群 S_n 的一个子群. 一个自然的问题是: 是否任意置换 $S \xrightarrow{\sigma} S$ 都可延拓为域同构 $L \xrightarrow{\varphi} L$ (即 $\varphi|_S = \sigma$)？ 答案一般是否定的, 通常 $\alpha_1, \alpha_2, \cdots, \alpha_n$ 会满足一些代数关系！

例 3.3.2 $x^n - 1 \in \mathbb{Q}[x]$ 的一个分裂域为 $L = \mathbb{Q}[\alpha_1]$, 它全部根的集合

$$U_n = \left\{\alpha_k = \cos\frac{2\pi k}{n} + i\sin\frac{2\pi k}{n} \mid 0 \leqslant k \leqslant n-1\right\}$$

是由 α_1 生成的 n 阶循环群, 故 $\varphi|_{U_n} : U_n \to U_n$ $(\forall\, \varphi \in \mathrm{Gal}(L/\mathbb{Q}))$ 是群同构, 映射 $\mathrm{Gal}(L/\mathbb{Q}) \to \mathrm{Aut}(U_n)$, $\varphi \mapsto \varphi|_{U_n}$, 定义了一个单同态 (它实际上是同构, 但证明需要对 α_1 的极小多项式有更多了解). $\mathrm{Aut}(U_n)$ 中元素 $U_n \xrightarrow{\pi} U_n$ 由使得 $\pi(\alpha_1) = \alpha_1^{m_\pi}$ 是 U_n 生成元的整数 $1 \leqslant m_\pi < n$ 唯一确定, 而 α_1^m 是 U_n 生成元的充要条件是 $(m, n) = 1$, 故映射 $\mathrm{Aut}(U_n) \to U(\mathbb{Z}_n) := \{\bar{m} \in \mathbb{Z}_n \mid (m, n) = 1\}$, $\pi \mapsto \bar{m}_\pi$, 是一个群同构. 易见 $U(\mathbb{Z}_n)$ 恰为 $\mathbb{Z}_n$ 中所有可逆元组成的群, 即 $\mathrm{Gal}(L/\mathbb{Q}) \hookrightarrow U(\mathbb{Z}_n)$.

定理 3.3.2 设 $K \overset{\eta}{\to} \overline{K}$ 是域同构 ($\eta(a) := \bar{a}$), 对任意

$$f(x) = a_0 x^n + a_1 x^{n-1} + \cdots + a_{n-1} x + a_n \in K[x],$$

令 $\bar{f}(x) = \bar{a}_0 x^n + \bar{a}_1 x^{n-1} + \cdots + \bar{a}_{n-1} x + \bar{a}_n \in \overline{K}[x]$. 设 $L, \overline{L}$ 分别是 $f(x) \in K[x]$, $\bar{f}(x) \in \overline{K}[x]$ 的分裂域. 我们有下述结论:

(1) $|G_{\eta,K}| \leqslant [L:K]$, 其中 $G_{\eta,K} := \{$ 域同构 $L \overset{\varphi}{\to} \overline{L} \mid \varphi|_K = \eta \}$;

(2) 若 $f(x)$ 在 $K[x]$ 中没有重因子, 则

$$|G_{\eta,K}| = [L:K] \Leftrightarrow \bar{f}(x) \text{ 在 } \overline{L} \text{ 中没有重根}.$$

证明 对 $[L:K]$ 应用归纳法. 当 $[L:K] = 1$ 时, $f(x)$ 是 $K[x]$ 中一次因子的乘积, 因此 $\bar{f}(x)$ 也是 $\overline{K}[x]$ 中一次因子的乘积. 显然 $\overline{L} = \overline{K}$, $|G_{\eta,K}| = 1 \leqslant [L:K]$. 当 $[L:K] > 1$ 时, 令 $\alpha_1 \in L$ 是 $f(x)$ 的一个根 (但不在 K 中), $\mu_{\alpha_1}(x)$ 是 α_1 的极小多项式, $L_1 = K[\alpha_1]$, 则 $[L_1:K] = \deg \mu_{\alpha_1}(x) > 1$, $[L:L_1] < [L:K]$. 令 $H_\eta(L_1, \overline{L}) = \{$ 域嵌入 $L_1 \overset{\phi}{\hookrightarrow} \overline{L} \mid \phi|_K = \eta \}$, 则我们断言: $H_\eta(L_1, \overline{L}) = \{\eta_1, \eta_2, \cdots, \eta_m\}$ (其中 m 是 $\bar{\mu}_{\alpha_1}(x)$ 在 $\overline{L}$ 中不同根的个数).

若断言成立, 则 $|H_\eta(L_1, \overline{L})| \leqslant [L_1:K]$. 设 $\eta_i \in H_\eta(L_1, \overline{L})$, $\overline{L}_1 = \eta_i(L_1)$, 考察图表

$$
\begin{array}{ccc}
L & & \overline{L} \\
\cup & & \cup \\
L_1 & \overset{\eta_i}{\to} & \overline{L}_1 \\
\cup & & \cup \\
K & \overset{\eta}{\to} & \overline{K}
\end{array}
$$

注意 L 和 $\overline{L}$ 可分别看成 $f(x) \in L_1[x]$ 和 $\bar{f}(x) \in \overline{L}_1[x]$ 的分裂域. 由归纳假设: $|G_{\eta_i, L_1}| = |\{$ 域同构 $L \overset{\varphi}{\to} \overline{L} \mid \varphi|_{L_1} = \eta_i \}| \leqslant [L:L_1]$. 因此

$$|G_{\eta,K}| \leqslant m \cdot [L:L_1] \leqslant [L_1:K] \cdot [L:L_1] = [L:K].$$

最后证明断言: $\forall \phi \in H_\eta(L_1, \overline{L})$, $\phi(\alpha_1) \in \overline{L}$ 是 $\bar{\mu}_{\alpha_1}(x)$ 的根且 ϕ 由 $\phi(\alpha_1)$ 唯一确定. 因此只需证明, 若 $\beta \in \overline{L}$ 是 $\bar{\mu}_{\alpha_1}(x)$ 的一个根, 则存在 $L_1 = K[\alpha_1] \overset{\phi}{\to} \overline{L}$ 使 $\phi(\alpha_1) = \beta$. 考虑环同态 $K[x] \overset{\eta_\beta}{\to} \overline{L}$, $h(x) \mapsto \bar{h}(\beta)$, 则 $\ker(\eta_\beta) = (\mu_{\alpha_1}(x))$, 因此诱导了域嵌入

$$E := K[x]/(\mu_{\alpha_1}(x)) \overset{\bar{\eta}_\beta}{\to} \overline{L}, \quad \bar{\eta}_\beta(\bar{x}) = \beta.$$

同理, $K[x] \to L$, $h(x) \mapsto h(\alpha_1)$, 诱导同构 $E \overset{\psi_{\alpha_1}}{\to} K[\alpha_1] = L_1$. 不难验证, $\phi := \bar{\eta}_\beta \cdot \psi_{\alpha_1}^{-1} : L_1 \to \overline{L}$ 满足我们的要求.

(2) 设 $f(x) = p_1(x)p_2(x) \cdots p_s(x)$ 是 $f(x)$ 在 $K[x]$ 中的不可约分解, 其中 $p_i(x) \neq p_j(x)$ $(i \neq j)$. 若 $\bar{f}(x) = \bar{p}_1(x)\bar{p}_2(x) \cdots \bar{p}_s(x)$ 在 $\overline{L}$ 中有重根, 则存在某 $\bar{p}_i(x)$ (无妨设 $\bar{p}_i(x) = \bar{p}_1(x)$) 在 $\overline{L}$ 中有重根. 令 $\alpha_1 \in L$ 是 $p_1(x)$ 的一个根, 则 $\mu_{\alpha_1}(x) = p_1(x)$. 由 (1) 中的断言可知 $m = |H_\eta(L_1, \overline{L})| < [L_1 : K]$, 故

$$\left|G_{\eta,K}\right| \leqslant m \cdot [L : L_1] < [L_1 : K] \cdot [L : L_1] = [L : K].$$

因此, $|G_{\eta,K}| = [L : K] \Rightarrow \bar{f}(x)$ 在 $\overline{L}$ 中没有重根. 设 $\bar{f}(x)$ 在 $\overline{L}$ 中没有重根, 对 $[L : K]$ 重复 (1) 中的归纳过程得 $|G_{\eta_i,L_1}| = [L : L_1]$ ($f(x)$ 在 $L_1[x]$ 中没有重因子, 否则 $\bar{f}(x)$ 在 $\overline{L}$ 中有重根), 从而

$$\left|G_{\eta,K}\right| = m \cdot [L : L_1] = [L_1 : K] \cdot [L : L_1] = [L : K]. \qquad \square$$

推论 3.3.1 设 L 是 $f(x) \in K[x]$ 的一个分裂域, 令 (伽罗瓦群)

$$G = \mathrm{Gal}(L/K) = \{\text{域同构 } L \xrightarrow{\varphi} L \mid \varphi|_K = \mathrm{id}\},$$

则 $|G| \leqslant [L : K]$, $|G| = [L : K]$ 的充要条件是 $f(x)$ 在 L 中没有重根.

证明 在定理 3.3.2 中取 $\overline{K} = K$, η 等于恒等映射即可. $\qquad \square$

为了解 $f(x)$ 在分裂域中何时没有重根? 回忆多项式导数的定义,

$$\forall f(x) = a_n x^n + a_{n-1}x^{n-1} + \cdots + a_1 x + a_0 \in K[x].$$

令 $f'(x) = na_n x^{n-1} + (n-1)a_{n-1}x^{n-2} + \cdots + a_1 \in K[x]$, 则 $f'(x)$ 称为 $f(x)$ 的导数. 容易验证: $\forall f(x), g(x) \in K[x]$, 总有

(1) $(f(x) + g(x))' = f'(x) + g'(x)$, $a' = 0$ $(\forall a \in K)$;

(2) $(f(x) \cdot g(x))' = f'(x)g(x) + f(x)g'(x)$.

定理 3.3.3 设 L 是 $f(x) \in K[x]$ 的分裂域, 则 $f(x)$ 在 L 中没有重根的充要条件是: $(f(x), f'(x)) \backsim 1$, 即 $f(x)$ 与 $f'(x)$ 互素.

证明 如果 $(f(x), f'(x)) \backsim 1$, 则 $f(x)$, $f'(x)$ 在 L 中没有共同的根. 因此, $f(x)$ 在 L 中没有重根. 否则, 如果 $\alpha \in L$ 是 $f(x)$ 的 $k > 1$ 重根, 则 $f(x) = (x - \alpha)^k f_1(x)$, $f'(x) = k(x - \alpha)^{k-1}f_1(x) + (x - \alpha)^k f_1'(x)$, 从而 $\alpha \in L$ 是 $f(x)$ 与 $f'(x)$ 共同的根.

反之, 设 $f(x)$ 在 L 中没有重根, 则 $f(x) = (x - \alpha_1)(x - \alpha_2) \cdots (x - \alpha_n)$, $\alpha_i \neq \alpha_j$,

$$f'(x) = \sum_{i=1}^{n} \frac{f(x)}{x - \alpha_i}, \qquad (x - \alpha_i) \nmid f'(x) \quad (1 \leqslant i \leqslant n).$$

因此 $(f(x), f'(x)) \backsim 1$. $\qquad \square$

推论 3.3.2 不可约多项式 $f(x)$ 在 L 中有重根 $\Leftrightarrow$ $f'(x) = 0$ (零多项式).

证明 $f(x)$ 有重根 $\Leftrightarrow f(x), f'(x)$ 不互素 $\Leftrightarrow f(x)|f'(x) \Leftrightarrow f'(x) = 0$. $\square$

设 $f(x) = f_1(x)f_2(x)\cdots f_s(x)$ 是不可约分解, $f_i(x) \neq f_j(x)$, 则 $f(x)$ 在分裂域中没有重根当且仅当每个不可约因子 $f_i(x)$ 没有重根.

定义 3.3.1 $f(x)$ 称为可分多项式, 如果它的每个不可约因子的导数非零. α 称为 K 上的可分元, 如果 $\mu_\alpha(x)$ 是可分多项式. $K \subset L$ 称为可分扩张 (separable), 如果 L 中每个元素都是可分元.

推论 3.3.3 设 L 是 $f(x) \in K[x]$ 的分裂域, $K \subset L$ 是可分扩张, 则

$$|\mathrm{Gal}(L/K)| = [L:K].$$

证明 无妨设 $f(x) = f_1(x)f_2(x)\cdots f_s(x)$, $f_i(x) \neq f_j(x)$, 是不可约分解. 则 $f_i(x)$ 必为某个 $\alpha_i \in L$ 的极小多项式. 由于 $K \subset L$ 是可分扩张, 故 α_i 是 K 上的可分元 (即 $f_i'(x) \neq 0$). 因此 $f_i(x)$ 在 L 中无重根, 从而 $f(x)$ 在 L 中无重根. 由推论 3.3.1 知, $|\mathrm{Gal}(L/K)| = [L:K]$. $\square$

推论 3.3.4 设 L 是可分多项式 $f(x) \in K[x]$ 的分裂域. $\forall \alpha \in L$, 令 $\mu_\alpha(x)$ 是 α 的极小多项式. 则对 $\mu_\alpha(x)$ 的任意两个根 $\alpha_1, \alpha_2 \in L$, 存在 $\varphi \in \mathrm{Gal}(L/K)$ 使得 $\varphi(\alpha_1) = \alpha_2$.

证明 满同态 $K[x] \to L$, $h(x) \mapsto h(\alpha_i)$ 的核均由 $\mu_\alpha(x) \in K[x]$ 生成, 故诱导域同构 $K[x]/(\mu_\alpha(x)) \xrightarrow{\psi_{\alpha_i}} K[\alpha_i]$. 令 $\eta := \psi_{\alpha_2} \cdot \psi_{\alpha_1}^{-1} : K[\alpha_1] \to K[\alpha_2]$, 则 $\eta(\alpha_1) = \alpha_2$. 因 $f(x)$ 在 L 中没有重根, 由定理 3.3.2 知 η 可扩展成同构 $\varphi: L \to L$, 故 $\varphi \in \mathrm{Gal}(L/K)$ 且 $\varphi(\alpha_1) = \alpha_2$. $\square$

如果 $\mathrm{Char}(K) = 0$, 则任意多项式 $f(x) \in K[x]$ 都是可分多项式, 因此可分扩张的概念仅对 $\mathrm{Char}(K) = p > 0$ 的域有意义!

当 $\mathrm{Char}(K) = p > 0$ 但 $K^p = \{a^p \mid a \in K\} \subsetneq K$ 时, $\forall a \in K$ (但 $a \notin K^p$), 则 $x^p - a$ 的分裂域为 $L = K[\alpha]$ 其中 $\alpha^p = a$. 事实上, $x^p - a \in K[x]$ 不可约. 否则 $x^p - a = g(x) \cdot h(x)$, 它在 $L[x]$ 中变成 $(x-\alpha)^p = g(x) \cdot h(x)$, 故 $g(x) = (x-\alpha)^{n_1}$, $h(x) = (x-\alpha)^{n_2}$ (从而 $\alpha^{n_i} \in K$). 利用 n_i, p 互素可证 $\alpha \in K$ (留作习题), 从而与 $a = \alpha^p \notin K^p$ 矛盾! 所以 $K \subset L$ 是 p 次不可分 (inseparable) 扩张.

当 $\mathrm{Char}(K) = p > 0$ 且 $K = K^p$ 时, K 称为完全 (perfect) 域. 此时由 $f'(x) = 0$ 可得 $g(x) \in K[x]$ 使 $f(x) = g(x)^p$. 因此

定理 3.3.4 设 $\mathrm{Char}(K) = p > 0$, 则 K 是完全域当且仅当 K 的任意代数扩张都是可分扩张.

例 3.3.3 任何有限域 $\mathbb{F}_q$ $(q = p^n)$ 必为完全域, 但多项式环 $\mathbb{F}_q[t]$ 的分式域 $K = \mathbb{F}_q(t)$ 不是完全域 (因为 $t \notin K^p$).

定义 3.3.2 (正规扩张)　代数扩张 $K \subset L$ 称为 K 的一个正规扩张 (normal extension), 如果 L 中每个元素的极小多项式的根都在 L 中.

例 3.3.4　$L = \mathbb{Q}[\sqrt[3]{2}] \supset \mathbb{Q}$ 是可分代数扩张, 但不是正规扩张, 因为 $\alpha = \sqrt[3]{2}$ 在 $\mathbb{Q}$ 上的极小多项式是 $f(x) = x^3 - 2$, $\beta = \dfrac{-1 + \sqrt{-3}}{2} \sqrt[3]{2}$ 是 $f(x)$ 的根, 但 $\beta \notin L$ (β 是复数, 但不是实数).

习　题　3.3

3.3.1　设 $f(x) = x^2 + ax + b \in K[x]$ 不可约, $E = K[u_1]$ (其中 $f(u_1) = 0$). 证明: E 必包含 $f(x) = 0$ 的另一个根 (所以 E 是 $f(x)$ 的分裂域).

3.3.2　设 $f(x) = x^3 - 2 \in \mathbb{Q}[x], u_1 = \sqrt[3]{2}$. 证明: $E = \mathbb{Q}[u_1]$ 不包含 $f(x) = 0$ 的其他两个根.

3.3.3　设 L 是 n 次多项式 $f(x) \in K[x]$ 的分裂域, 证明: $[L : K] \leqslant n!$.

3.3.4　构造 $x^5 - 2 \in \mathbb{Q}[x]$ 的一个分裂域 L, 并求 $[L : \mathbb{Q}]$.

3.3.5　确定多项式 $x^{p^n} - 1 \in \mathbb{F}_p[x]$ 在 $\mathbb{F}_p$ 上的分裂域 ($n \in \mathbb{N}$).

3.3.6　设 L 是可分多项式 $f(x) \in K[x]$ 的一个分裂域, $K \subset E \subset L$ 是任意中间域. 证明: 对任意单同态 $\varphi: E \to L$, 若 $\varphi|_K = \mathrm{id}_K$, 则 φ 一定可以延拓成域同构 $\bar{\varphi}: L \to L$.

3.3.7　令 $f(x) = (x^2 - 2)(x^2 - 3)$, $K = \mathbb{Q}[x]/(x^2 - 2) = \mathbb{Q}[u_1]$, 此处 $u_1 = \bar{x} \in \mathbb{Q}[x]/(x^2 - 2)$. 试证明:

(1) K 是一个域, 且 $x^2 - 3$ 在 $K[x]$ 中不可约;

(2) $L = K[x]/(x^2 - 3) = K[u_2]$ (此处 $u_2 = \bar{x} \in K[x]/(x^2 - 3)$) 是 $f(x) = (x^2 - 2)(x^2 - 3)$ 的分裂域, 且 $[L : \mathbb{Q}] = 4$.

3.3.8　设 $p \in \mathbb{Z}$ 是一个素数, F 是一个域, $c \in F$. 求证: $x^p - c$ 在 $F[x]$ 中不可约当且仅当 $x^p - c$ 在 F 中无根.

3.3.9　设 $f(x)$ 是 $\mathbb{Q}[x]$ 中奇数次的不可约多项式, α 和 β 是 $f(x)$ 在 $\mathbb{C}$ 中的两个不同的根. 试证明 $\alpha + \beta \notin \mathbb{Q}$ 且 $\alpha\beta \notin \mathbb{Q}$.

3.3.10　设 $K = \mathbb{Q}[u]$, $u^3 + u^2 - 2u - 1 = 0$. 验证 $\alpha = u^2 - 2$ 也是多项式 $x^3 + x^2 - 2x - 1$ 的根. 试确定 $\mathrm{Gal}(K/\mathbb{Q})$, 并证明: K 是 $\mathbb{Q}$ 的正规扩张.

3.3.11　证明: $\mathbb{Q}[\sqrt[4]{2}]$ 是 $\mathbb{Q}[\sqrt{2}]$ 的正规扩张, 但不是 $\mathbb{Q}$ 的正规扩张.

3.3.12　设 $f(x) \in K[x]$ 不可约, $\mathrm{Char}(K) = p > 0$. 证明: 存在不可约的可分多项式 $g(x) \in K[x]$ 使得 $f(x) = g(x^{p^n})$ (n 是某个整数). 由此证明 $f(x)$ 在分裂域中的每个根都是 p^n 重根.

3.3.13 设 $L = K[\alpha]$, α 是多项式 $x^d - a \in K[x]$ 的根. 如果 $\mathrm{Char}(K) = 0$, 且 K 包含全部 d 次单位根, 则 $K \subset L$ 是正规扩张.

3.3.14 设 k 是特征 $p > 0$ 的域, x, y 是 k 上的代数无关元. 令 $K = k(x^p, y^p)$, $L = k(x, y)$. 试证明:

(1) $\mathrm{Gal}(L/K) = \{1\}$ (但 $[L : K] = p^2$);

(2) $K \subset L$ 有无穷多个中间域;

(3) $K \subset L$ 不是单扩张, 即不存在 $\alpha \in L$ 使得 $L = K[\alpha]$.

3.4 群与域扩张

设 $K \subset L$ 是一个可分多项式 $f(x) \in K[x]$ 的分裂域, 本节的主要任务是建立 $\mathrm{Gal}(L/K)$ 的子群与中间域 $K \subset E \subset L$ 的一一对应关系. 设 L 是任意域, $\mathrm{Aut}(L)$ 表示 L 的域自同构群, 我们从下面的重要引理开始.

引理 3.4.1 (阿廷 (Artin) 引理) 设 $G \subset \mathrm{Aut}(L)$ 是一个有限群, 则

$$L^G := \{\, x \in L \mid \sigma(x) = x, \forall\, \sigma \in G \,\} \subset L$$

是一个子域, 且 $[L : L^G] \leqslant |G|$.

证明 验证 $L^G \subset L$ 是一个子域留作练习. 下面证明 $[L : L^G] \leqslant |G|$.

设 $n = |G|$, 只需证明: $\forall\, \alpha_1, \alpha_2, \cdots, \alpha_m \in L$, 如果 $m > n$, 则 $\alpha_1, \alpha_2, \cdots, \alpha_m$ 在 L^G 上线性相关. 令 $G = \{\eta_1 = 1, \eta_2, \cdots, \eta_n\}$, 则

$$(*) \qquad \begin{pmatrix} \eta_1(\alpha_1) & \eta_1(\alpha_2) & \cdots & \eta_1(\alpha_m) \\ \eta_2(\alpha_1) & \eta_2(\alpha_2) & \cdots & \eta_2(\alpha_m) \\ \vdots & \vdots & & \vdots \\ \eta_n(\alpha_1) & \eta_n(\alpha_2) & \cdots & \eta_n(\alpha_m) \end{pmatrix} \begin{pmatrix} x_1 \\ x_2 \\ \vdots \\ x_m \end{pmatrix} = 0$$

有非零解 (由于 $m > n$). 令 $(a_1, a_2, \cdots, a_m)$ 是具有最少非零分量 a_i 的非零解, 且无妨设 $a_1 = 1$. 只需证明 $a_i \in L^G$ ($2 \leqslant i \leqslant m$).

若存在 $a_i \notin L^G$, 例如 $a_2 \notin L^G$, 令 $\eta_k \in G$ 使 $\eta_k(a_2) \neq a_2$. 不难验证 $\eta_k(a_1), \eta_k(a_2), \cdots, \eta_k(a_m)$ 也是方程组 $(*)$ 的解: $\forall\, 1 \leqslant i \leqslant m$, 令 $\eta_t := \eta_k^{-1} \cdot \eta_i$, 则

$$\sum_{j=1}^{m} \eta_i(\alpha_j) \eta_k(a_j) = \eta_k \left(\sum_{j=1}^{m} \eta_t(\alpha_j) a_j \right) = \eta_k(0) = 0.$$

所以 $(0, a_2 - \eta_k(a_2), a_3 - \eta_k(a_3), \cdots, a_m - \eta_k(a_m))$ 是方程组 $(*)$ 的一组非零解 (因为 $a_2 - \eta_k(a_2) \neq 0$), 但是其非零分量的个数比 $(1, a_2, a_3, \cdots, a_m)$ 少, 故与它的选取矛盾. $\qquad\square$

定理 3.4.1 设 $K \subset L$ 是域扩张, 则下述条件等价:

(1) L 是一个可分多项式 $f(x) \in K[x]$ 的分裂域;

(2) 存在有限子群 $G \subset \text{Aut}(L)$, 使 $K = L^G$;

(3) L 是 K 上的有限, 正规, 可分扩张.

证明 (1)$\Rightarrow$(2). 令 $G = \text{Gal}(L/K) \subset \text{Aut}(L)$, 则 $K \subset L^G \subset L$. 由定义知:

$$G = \text{Gal}(L/K) = \text{Gal}(L/L^G)$$

且 L 也可看成 $f(x) \in L^G[x]$ 的分裂域. 又 $f(x)$ 是可分多项式, 故 $f(x)$ 在 L 中没有重根. 由定理 3.3.2, $[L:K] = |G|$, $[L:L^G] = |\text{Gal}(L/L^G)|$. 故

$$[L^G : K] = \frac{[L:K]}{[L:L^G]} = \frac{|G|}{|\text{Gal}(L/L^G)|} = 1, \quad 即: K = L^G.$$

(2)$\Rightarrow$(3). 因 $[L:K] \leqslant |G|$ (阿廷引理), 故 $K \subset L$ 是有限扩张. 任取 $\alpha \in L$, 有 $\mu_\alpha(\pi(\alpha)) = 0$ ($\forall \pi \in G$), 即 $(x - \pi(\alpha))|\mu_\alpha(x)$ ($\forall \pi \in G$). 令

$$\{\alpha_1 = \alpha, \alpha_2, \cdots, \alpha_m\} = \{\pi(\alpha) \mid \forall \pi \in G\}, \quad \alpha_i \neq \alpha_j,$$

则 $g(x) := (x - \alpha_1)(x - \alpha_2) \cdots (x - \alpha_m)$ 在 $L[x]$ 中整除 $\mu_\alpha(x)$. $\forall \zeta \in G$, $g(x)$ 的系数 (它们是 $\alpha_1, \alpha_2, \cdots, \alpha_m$ 的对称多项式) 在 ζ 的作用下不变, 故

$$g(x) \in L^G[x] = K[x], \quad 从而 g(x) 在 K[x] 中整除 \mu_\alpha(x).$$

因 $\mu_\alpha(x)$ 在 $K[x]$ 中不可约, 所以 $\mu_\alpha(x) = g(x) = (x - \alpha_1)(x - \alpha_2) \cdots (x - \alpha_m)$. 由此可见, $\mu_\alpha(x)$ 在 L 中没有重根, 且 L 包含 $\mu_\alpha(x)$ 的全部根. 故 $K \subset L$ 是可分, 正规扩张.

(3)$\Rightarrow$(1). 设 $L = K[\beta_1, \beta_2, \cdots, \beta_s]$ 是有限, 可分, 正规扩张, 则 L 是 $f(x) := \mu_{\beta_1}(x)\mu_{\beta_2}(x) \cdots \mu_{\beta_s}(x)$ 的分裂域, $f(x)$ 显然是可分多项式. $\square$

满足上述定理中三个等价条件之一的域扩张 $K \subset L$ 称为伽罗瓦扩张.

定理 3.4.2 设 $K \subset L$ 是一个伽罗瓦扩张, $G = \text{Gal}(L/K)$. 令 Γ 表示 G 中所有子群的集合, Σ 表示所有中间域 $K \subset E \subset L$ 的集合. 则映射

$$\Gamma \xrightarrow{\Phi} \Sigma, \ H \mapsto L^H; \quad \Sigma \xrightarrow{\Psi} \Gamma, \ E \mapsto \text{Gal}(L/E)$$

是双射, 且 Φ, Ψ 互为逆映射.

证明 只需证明 $\Psi \cdot \Phi = \text{id}_\Gamma$ 和 $\Phi \cdot \Psi = \text{id}_\Sigma$, 它们显然分别由下面两个公式:

$$\text{Gal}(L/L^H) = H, \quad E = L^{\text{Gal}(L/E)}$$

推出. 为证明 $\mathrm{Gal}(L/L^H) = H$, 注意到 $H \subset \mathrm{Gal}(L/L^H)$ 且 L 可看成可分多项式 $f(x) \in K[x]$ 在 L^H 上的分裂域, 故由定理 3.3.2 得

$$|H| \leqslant |\mathrm{Gal}(L/L^H)| = [L : L^H] \leqslant |H|.$$

(最后的不等式由 Artin 引理得出.) 从而公式 $\mathrm{Gal}(L/L^H) = H$ 得证.

$E = L^{\mathrm{Gal}(L/E)}$ 的证明: 令 $H := \mathrm{Gal}(L/E)$, 显然有 $K \subset E \subset L^H \subset L$ 和 $\mathrm{Gal}(L/L^H) = H$. 由于 L 是可分多项式 $f(x) \in K[x]$ 的分裂域, 故

$$[L : E] = |\mathrm{Gal}(L/E)| = |H| = |\mathrm{Gal}(L/L^H)| = [L : L^H],$$

从而 $E = L^H = L^{\mathrm{Gal}(L/E)}$. $\qquad\square$

推论 3.4.1 (本原元素定理) 设 $K \subset L$ 是有限, 可分扩张, 且 K 是无限域, 则存在 $\alpha \in L$, 使得 $L = K[\alpha]$, 即 $K \subset L$ 必为单扩张.

证明 设 $L = K[\beta_1, \beta_2, \cdots, \beta_s]$, $f(x) := \mu_{\beta_1}(x)\mu_{\beta_2}(x)\cdots\mu_{\beta_s}(x)$. 令 $\overline{L}$ 是可分多项式 $f(x) \in K[x]$ 的分裂域, 则由定理 3.4.2, $K \subset \overline{L}$ 仅有有限个中间域 $K \subset E \subset \overline{L}$. 故 $K \subset L$ 也仅有有限个中间域 $K \subset E \subset L$.

通过对生成元 $\beta_1, \beta_2, \cdots, \beta_s$ 的个数做归纳法, 仅需对两个生成元的情况做出证明. 无妨设 $L = K[\beta_1, \beta_2]$, 则仅有有限个中间域

$$K \subset K[\beta_1 + a\beta_2] \subset L \quad (a \in K).$$

若 $|K| = \infty$, 必有 $K[\beta_1 + a\beta_2] = K[\beta_1 + b\beta_2]$, $a \neq b$. 令 $\alpha = \beta_1 + a\beta_2$, 可证 $L = K[\beta_1, \beta_2] = K[\alpha]$. 事实上, 由 $K[\beta_1 + a\beta_2] = K[\beta_1 + b\beta_2]$, 可知 $\beta_2 = (a-b)^{-1}(\alpha - \beta_1 - b\beta_2) \in K[\alpha]$. 同理, $\beta_1 \in K[\alpha]$. 所以 $L = K[\beta_1, \beta_2] = K[\alpha]$. $\qquad\square$

定义 3.4.1 (方程可用根式解的数学定义) 设 $f(x) \in K[x]$ 是 n 次多项式, $L = K[z_1, z_2, \cdots, z_n]$ 是它的分裂域. 如果存在域扩张塔

$$K = K_1 \subset K_2 \subset \cdots \subset K_{r+1} = L \tag{3.1}$$

使得 $K_{i+1} = K_i[\alpha_i]$, 其中 α_i 的极小多项式形如 $\mu_{\alpha_i}(x) = x^{n_i} - a_i \in K_i[x]$, 则称方程 $f(x) = 0$ 在 K 上可解, 其中(3.1)称为 L 在 K 上的一个根塔.

由定理 3.4.2, 这样的根塔(3.1)唯一地由子群链

$$\{1\} = G_1 \subset G_2 \subset \cdots \subset G_{r+1} = \mathrm{Gal}(L/K) \tag{3.2}$$

所确定. 问题是: 当群 $\mathrm{Gal}(L/K)$(它由 $f(x)$ 唯一确定) 满足什么条件时? 存在子群链(3.2)使其确定一个形如(3.1)的根塔? 在讨论这样的问题前, 我们需要对群有进一步的了解.

习　题　3.4

3.4.1　设 $p > 2$ 是素数, $\alpha \in \mathbb{C}$ 是 $f(x) = x^{p-1} + x^{p-2} + \cdots + x + 1 \in \mathbb{Q}[x]$ 的根. 证明: 域 $L = \mathbb{Q}[\alpha]$ 的自同构群 G 是一个 $p-1$ 阶的循环群.

3.4.2　设 $K = \mathbb{Q}$, $L = K[\sqrt[3]{2}]$. 证明: $G = \mathrm{Gal}(L/K) = \{1\}$ (所以 $L^G = L \neq K$). 如果令 $\overline{L} = K[\sqrt[3]{2}, \sqrt{-3}]$, 试证明: $\mathrm{Gal}(\overline{L}/K) \cong S_3$. 并求出中间域 $K \subset K[\sqrt{-3}] \subset \overline{L}$ 对应的子群 $H \subset \mathrm{Gal}(\overline{L}/K)$, 即: 求 $H \subset \mathrm{Gal}(\overline{L}/K)$ 使得 $\overline{L}^H = K[\sqrt{-3}]$. (提示: $H = \mathrm{Gal}(\overline{L}/K[\sqrt{-3}]) \cong A_3$.)

3.4.3　设 $K \subset L$ 是有限, 可分, 正规扩张, $G = \mathrm{Gal}(L/K)$. 设

$$K = K_0 \subset K_1 \subset K_2 \subset \cdots \subset K_i \subset K_{i+1} \subset \cdots \subset K_m = L$$

是一个子域链, 令

$$\{1\} = G_m \subset G_{m-1} \subset G_{m-2} \subset \cdots \subset G_{i+1} \subset G_i \subset \cdots \subset G_0 = G$$

是其对应的子群链, 其中 $G_i = \mathrm{Gal}(L/K_i)$. 证明:

(1) $K_i \subset K_{i+1}$ 是正规扩张 $\Leftrightarrow \forall \eta \in G_i, \eta(K_{i+1}) = K_{i+1}$ (提示: 应用推论 3.3.4).

(2) $\forall \, \eta \in G_i$, 则 $\eta \cdot G_{i+1} \cdot \eta^{-1} \subset G_i$ 是一个子群, 且

$$\eta(K_{i+1}) = L^{\eta G_{i+1} \eta^{-1}},$$

此处 $\eta \cdot G_{i+1} \cdot \eta^{-1} := \{\, \eta \cdot x \cdot \eta^{-1} \,|\, \forall \, x \in G_{i+1} \,\}$.

(3) 如果 $K_i \subset K_{i+1}$ 是正规扩张, $\forall \, \eta \in G_i$, 令

$$\bar{\eta} = \eta|_{K_{i+1}} : K_{i+1} \to K_{i+1},$$

则 $\bar{\eta} \in \mathrm{Gal}(K_{i+1}/K_i)$, 映射 $G_i \xrightarrow{\phi} \mathrm{Gal}(K_{i+1}/K_i)$, $\eta \mapsto \bar{\eta}$, 是满同态, 而且 $\ker(\phi) = G_{i+1}$.

思维导图 3

第 4 章 群 论 初 步

群论是一个内容异常丰富的研究领域, 也是数学中最美的部分之一. 我们主要介绍研究方程可解性需要的群论知识, 它基本包含了大学抽象代数课程要求的内容. 群论部分不涉及群的表示是个遗憾, 但西罗 (Sylow) 定理的证明算是一点补偿, 它充分展示了群作用 (群在集合上的表示) 在群论中的意义.

4.1 等价关系与商群

一个群 G 的子群 H 在 G 上定义了两个等价关系, 它们很好地反映了群的对称性. 为方便读者, 我们从等价关系的定义开始.

设 S 是一个集合, 任意非空子集 $\Delta \subset S \times S$ 称为 S 上的一个关系. $\forall a, b \in S$, 我们引入记号: $a \sim b \Longleftrightarrow (a, b) \in \Delta$.

定义 4.1.1 S 上的一个关系 $\Delta \subset S \times S$ 称为等价关系, 如果它满足:

(1) $\forall x \in S$, $x \sim x$ (自反性).

(2) $x \sim y \Longrightarrow y \sim x$ (对称性).

(3) $x \sim y$, $y \sim z \Longrightarrow x \sim z$ (传递性).

$\forall x \in S$, 集合 $\bar{x} = \{y \in S \mid y \sim x\} \subset S$ 称为以 x 为代表元的等价类.

由等价关系的定义, 显然:

(1) $x \in \bar{x}$;

(2) $\bar{x} = \bar{y} \Longleftrightarrow x \sim y$;

(3) $\forall x, y \in S$, 则或者 $\bar{x} = \bar{y}$ 或者 $\bar{x} \cap \bar{y} = \emptyset$.

例 4.1.1 设 $f \colon X \to Y$ 是一个映射. $\forall x_1, x_2 \in X$, 定义:

$$x_1 \sim x_2 \Longleftrightarrow f(x_1) = f(x_2),$$

则 "$\sim$" 是一个等价关系. $\forall x \in X$, 令 $y = f(x)$, 则

$$\bar{x} = \{x' \in X \mid f(x') = f(x)\} = f^{-1}(y).$$

反之, 设 $\sim$ 是 X 上的任意等价关系, 令 $Y = X/\sim = \{\bar{x} \mid x \in X\}$ (所有等价类的集合). 定义映射 $X \xrightarrow{\varphi} Y := X/\sim, \varphi(x) := \bar{x}$, 则

$$x_1 \sim x_2 \Longleftrightarrow \varphi(x_1) = \varphi(x_2), \quad \bar{x} = \varphi^{-1}(\varphi(x)).$$

例 4.1.2 设 G 是一个群, $H \subset G$ 是一个子群. $\forall x, y \in G$, 定义

$$x \sim y \Longleftrightarrow x^{-1}y \in H \quad (L),$$

则它是一个等价关系, 且 $\bar{x} = xH = \{x \cdot h \mid \forall h \in H\} \subset G$, 称为 x 关于 H 的左陪集. 我们也可定义: $x \sim y \Longleftrightarrow x \cdot y^{-1} \in H \quad (R)$. 它也是一个等价关系, 且 $\bar{y} = Hy = \{h \cdot y \mid \forall h \in H\} \subset G$, 称为 y 关于 H 的右陪集.

引理 4.1.1 设 $\sim$ 是 X 上的一个等价关系, 则 $X = \bigcup\limits_{x \in X} \bar{x}$ 是 X 的一个划分 (i.e. X 可以写成一些不相交子集的并). 反之, 如果 $X = \bigcup\limits_{i \in I} X_i$ 是一个划分, 则存在 X 上的一个等价关系 $\sim$, 使任一子集 X_i 都是某个 $x \in X$ 的等价类.

证明 留作练习. $\qquad\qquad\qquad\qquad\qquad\qquad\qquad\qquad\qquad\qquad\qquad\qquad$ □

推论 4.1.1 设 G 是一个群, $H \subset G$ 是一个子群, 则

$$G = \bigcup_{x \in G} x \cdot H = \bigcup_{x \in G} H \cdot x,$$

且集合 xH, Hx 与 H 之间存在双射.

证明 只需证明: $\forall x \in G$, H 与 xH 之间存在双射. 事实上, 容易验证: $H \xrightarrow{\phi} xH$, $\phi(h) = xh$ 是双射. $\qquad\qquad\qquad\qquad\qquad\qquad\qquad\qquad\qquad$ □

推论 4.1.2 如果 G 是有限群, 分别令 $[G:H]_l$ 表示 H 的左陪集个数, $[G:H]_r$ 表示 H 的右陪集个数. 则 $|G| = [G:H]_r \cdot |H| = [G:H]_l \cdot |H|$.

定义 4.1.2 $[G:H] = [G:H]_r = [G:H]_l$ 称为 H 在 G 中的指数.

推论 4.1.3 (拉格朗日 (Lagrange) 定理) 有限群 G 的子群的阶必整除 $|G|$, i.e. 对任意子群 $H \subset G \Rightarrow |H| \big| |G|$.

推论 4.1.4 设 G 是有限群, 则 $\forall a \in G$, $a^{|G|} = 1$. 特别地, 如果 $|G|$ 是素数, 则 G 必为循环群.

推论 4.1.5 设 G 是有限群, $H, K \subset G$ 是子群, 且 $H \supset K$, 则

$$[G:K] = [G:H] \cdot [H:K].$$

证明 因为 $[G:K] \cdot |K| = |G| = [G:H] \cdot |H| = [G:H] \cdot [H:K] \cdot |K|$, 所以 $[G:K] = [G:H] \cdot [H:K]$. $\qquad\qquad\qquad\qquad\qquad\qquad\qquad\qquad\qquad\qquad\qquad$ □

是否任意左陪集 xH 必为 H 的一个右陪集? (i.e. 是否 $\forall x \in G$, 必存在 $y \in G$, 使得 $xH = Hy$?) 注意到, 如果 $xH = Hy$, 则 $x = h \cdot y$, 因此 $Hx = H \cdot h \cdot y = Hy$, i.e. $xH = Hy \Rightarrow Hx = Hy = xH$. 所以我们的问题等价于: 是否 $\forall x \in G$, 必有 $xH = Hx$?

例 4.1.3 令 $G = S_4$, $H = \{(1), (1\,2\,3), (1\,3\,2), (1\,2), (1\,3), (2\,3)\} \subset G$ 是一个子群 (保持 4 不动的置换), 则 H 的全部右陪集是: $H, H(1\,4), H(2\,4), H(3\,4)$ (共 4 个). 但可以验证: $(1\,4)H \neq H, H(1\,4), H(2\,4), H(3,4)$, i.e. 左陪集 $(1\,4)H$ 不等于 H 的任何一个右陪集.

定义 4.1.3 子群 $H \subset G$ 称为正规子群 (记为 $H \lhd G$), 如果

$$\forall\, x \in G, \quad xH = Hx \ (通常写成 \ xHx^{-1} = H).$$

此时左陪集与右陪集统称为 H 的陪集.

例 4.1.4 设 $G \xrightarrow{\varphi} G'$ 是群同态, 则核 $\ker(\varphi) = \{\, x \in G \mid \varphi(x) = 1 \,\}$ 是一个正规子群. 下述构造表明 G 的正规子群必为 G 到某个群的同态核.

定理 4.1.1 设 $H \subset G$ 是一个子群, 令 $G/H = \{\, xH \mid x \in G \,\}$, 则

$$G/H \times G/H \longrightarrow G/H, \quad (xH, yH) \mapsto (xy)H$$

是一个映射当且仅当 $H \lhd G$. 若 $H \lhd G$, 则 G/H 关于该运算成为一个群, 满射 $G \xrightarrow{p} G/H$, $x \mapsto \bar{x} := xH = Hx$, 是群同态且 $\ker(p) = H$.

证明 $(xH, yH) \mapsto (xy)H$ 定义一个映射 $G/H \times G/H \to G/H$ 的充要条件是: $\forall\, a, b, x, y \in G$, 若 $aH = xH$, $bH = yH$, 则 $(ab)H = (xy)H$.

显然 $(ab)H = (xy)H \Leftrightarrow (xy)^{-1}(ab) \in H$. 由 $aH = xH$, $bH = yH$ 可知: $x^{-1}a \in H$, $y^{-1}b \in H$, 故 $(xy)^{-1}(ab) = y^{-1}x^{-1}ab = y^{-1}(x^{-1}a)y \cdot (y^{-1}b) \in H$ 的充要条件是: $y^{-1}Hy \subset H \ (\forall y \in G)$, 即 $H \lhd G$.

G/H 在上述运算下是一个群可直接验证 (G/H 的单位元是 $\bar{1} := H$, $\bar{x} = xH$ 的逆元是 $\bar{x}^{-1} = x^{-1}H$). 不难验证 $G \xrightarrow{p} G/H$, $x \mapsto \bar{x}$, 是群同态且 $\ker(p) = H$. $\qquad\square$

推论 4.1.6 设 $H \subset G$ 是子群, 则下列条件等价:

(1) $H \lhd G$ 是正规子群;

(2) 存在群同态 $G \xrightarrow{\varphi} G'$ 使 $H = \ker(\varphi)$;

(3) $x^{-1}Hx \subset H$ 对所有 $x \in G$ 成立.

定义 4.1.4 设 $H \lhd G$, 则称 G/H 为 G 的一个商群, 同态 $G \xrightarrow{p} G/H$, $x \mapsto \bar{x}$, 称为商同态.

定理 4.1.2 (同态基本定理) 设 $G \xrightarrow{f} G'$ 是群同态, 则 $H = \ker(f) \subset G$ 是正规子群且有唯一单同态 $G/H \xrightarrow{\bar{f}} G'$ 使得 $f = \bar{f} \cdot p$, 即有如下交换图

其中 $p(x) = \bar{x} = xH$.

证明 定义 $\bar{f}(\bar{x}) := f(x)$. 易证 $G/H \xrightarrow{\bar{f}} G'$, $\bar{x} \mapsto f(x)$, 是一个映射且
$\bar{f}(\bar{x} \cdot \bar{y}) = \bar{f}(\overline{xy}) = f(xy) = f(x) \cdot f(y) = \bar{f}(\bar{x}) \cdot \bar{f}(\bar{y})$. 由定义可知 $\bar{f}$ 满足
$f = \bar{f} \cdot p$. □

推论 4.1.7 设 $K \lhd G$ 是正规子群, $\overline{G} := G/K$ 是商群. 则
(1) 对任意包含 K 的子群 $H \subset G$, $H/K := \{\bar{x} \,|\, x \in H\}$ 是 $\overline{G}$ 的子群;
(2) 若 $\overline{H} \subset \overline{G}$ 是子群, 则存在唯一包含 K 的子群 $H \subset G$ 使 $\overline{H} = H/K$;
(3) $H/K \lhd \overline{G}$ 是正规子群当且仅当 $H \lhd G$ 是正规子群.

证明 (1) 可直接验证.
(2) 令 $G \xrightarrow{p} G/K$ 是商同态, $H = p^{-1}(\overline{H}) \subset G$, 则 H 是包含 K 的子群使得
$\overline{H} = p(H) = H/K$. 设 $H_i \subset G$ $(i = 1, 2)$ 是包含 K 的子群, 若 $p(H_1) = p(H_2)$,
则必有 $H_1 = H_2$ (它的证明留作练习).
(3) $x^{-1}Hx \subset H \Leftrightarrow p(x^{-1}Hx) = \bar{x}^{-1}\overline{H}\bar{x} \subset p(H) = \overline{H}$ $(\forall x \in G)$. □

习 题 4.1

4.1.1 设 G 是一个群, 定义映射 $G \xrightarrow{\varphi} G$, $x \mapsto x^{-1}$. 试证明: φ 是 G 的自同构当且仅当 G 是阿贝尔群.

4.1.2 证明: 子群 $H \subset G$ 是正规子群当且仅当, $\forall g \in G$, $gHg^{-1} \subset H$.

4.1.3 设 $G \xrightarrow{\varphi} G'$ 是群同态, $K = \ker(\varphi)$ 是同态 φ 的核. 试证明:
(1) 对于任意子群 $H' \subset G'$, $H = \varphi^{-1}(H') \subset G$ 是子群, 且包含 K.
(2) 当 φ 是满射时, $H' \mapsto \varphi^{-1}(H')$ 建立了集合

$$\Gamma' = \{ H' \subset G' \,|\, H' \text{ 是子群} \}$$

与集合 $\Gamma = \{ H \subset G \,|\, H \text{ 是 } G \text{ 的子群, 且 } H \supset K \}$ 之间的双射, 此时 $H' \subset G'$ 是正规子群当且仅当 $\varphi^{-1}(H') \subset G$ 是正规子群.

4.1.4 设 H, N 都是 G 的正规子群, 并且 $N \subseteq H$. 令 $\bar{H} = H/N$, $\bar{G} = G/N$.
(1) 证明 $\bar{H}$ 是 $\bar{G}$ 的正规子群.
(2) 证明 $G/H \cong \bar{G}/\bar{H}$.

4.1.5 设 $H \subset G$ 是 G 的子群, $K \lhd G$, 试证明:
(1) $H \cdot K = \{hk \,|\, \forall h \in H, k \in K\}$ 是 G 中包含 H 和 K 的子群;
(2) H 在商同态 $G \to G/K$, $(g \mapsto \bar{g})$ 下的像是 $(H \cdot K)/K$;
(3) $\varphi : H \to (HK)/K$, $(\varphi(h) = \bar{h})$ 的核是 $H \cap K$;
(4) φ 诱导群同构 $H/(H \cap K) \cong (HK)/K$.

4.2 可 解 群

设 G 是一个有限群, 研究 G 的方法之一是寻找正规列

$$\{1\} = G_{s+1} \lhd G_s \lhd G_{s-1} \lhd \cdots \lhd G_1 = G$$

使得商群 G_i/G_{i+1} $(1 \leqslant i \leqslant s)$ 尽可能 "简单" (即 G_i/G_{i+1} 没有非平凡正规子群), G_i/G_{i+1} $(1 \leqslant i \leqslant s)$ 称为上述正规列的因子群). 没有非平凡正规子群的有限群称为单群.

引理 4.2.1 设 G 是非平凡的有限群, 则存在正规列

$$\{1\} = G_{s+1} \lhd G_s \lhd G_{s-1} \lhd \cdots \lhd G_1 = G$$

使得商群 G_i/G_{i+1} $(1 \leqslant i \leqslant s)$ 是单群 (即没有非平凡的正规子群).

证明 若 G 是单群, 引理显然成立. 否则, 令 $G_2 \lhd G_1 = G$ 是元素最多的非平凡正规子群, 则 G_1/G_2 是单群 (否则由推论 4.1.7, 存在包含 G_2 的 $G_2' \lhd G_1$ 使 G_2'/G_2 非平凡, 与 G_2 选取矛盾). 对 $|G|$ 应用归纳法, 可设引理对 G_2 成立, 从而引理得证. □

定义 4.2.1 G 称为可解群, 如果存在正规列

$$\{1\} = G_{s+1} \lhd G_s \lhd G_{s-1} \lhd \cdots \lhd G_1 = G$$

使得它的因子群 G_i/G_{i+1} $(1 \leqslant i \leqslant s)$ 是交换群.

例 4.2.1 (1) $\{1\} \lhd A_3 \lhd S_3$ 是 S_3 的正规列且 $A_3, S_3/A_3$ 是交换群. 因此 S_3 是可解群.

(2) $\{1\} \lhd W \lhd V \lhd A_4 \lhd S_4$, 其中 $V = \{(1), (12)(34), (13)(24), (14)(23)\}$ (V 是交换群), $W = \{(1), (12)(34)\}$ (需要验证 $V \lhd A_4$, 故 A_4/V 是 3 阶循环群), 因此 S_4 是可解群.

(3) 当 $n \geqslant 5$ 时, S_n 不是可解群 (需要用到 A_n $(n \geqslant 5)$ 是单群的事实).

对任意群 G, 首先介绍两个重要正规子群, 它们是研究 G 的重要工具.

定义 4.2.2 子集 $C(G) = \{a \in G \mid \forall x \in G, xa = ax\} \subset G$ 是 G 的正规子群, 称为 G 的中心 (center of G).

对任意 $x, y \in G$, 元素 $[x, y] = x^{-1} \cdot y^{-1} \cdot x \cdot y \in G$ 称为 x, y 的换位子 (commutator). 注意: $xy = yx \cdot [x, y]$, 且 $[x, y]^{-1} = [y, x]$.

定义 4.2.3 $G^{(1)} = \{[x_1, y_1] \cdot [x_2, y_2] \cdots [x_k, y_k] \mid x_i, y_i \in G, k \in \mathbb{N}\} \subset G$ 是 G 的正规子群, 称为 G 的换位子群 (commutator subgroup). 令 $G^{(k)} = (G^{(k-1)})^{(1)}$ 表示 $G^{(k-1)}$ 的换位子群.

定理 4.2.1 G 是可解群 $\Leftrightarrow$ 存在 $k \geqslant 1$ 使 $G^{(k)} = \{1\}$.

证明 "$\Leftarrow$" 如果存在 $k \geqslant 1$ 使 $G^{(k)} = \{1\}$, 则有正规列 $\{1\} = G^{(k)} \lhd$ $G^{(k-1)} \lhd \cdots \lhd G^{(1)} \lhd G$, 使得 $G^{(i)}/G^{(i+1)}$ 是交换群. 所以 G 是可解群.

"$\Rightarrow$" 如果 G 是可解群, 则存在正规列

$$\{1\} = G_{s+1} \lhd G_s \lhd \cdots \lhd G_{i+1} \lhd G_i \lhd \cdots \lhd G_2 \lhd G_1 = G$$

使 G_i/G_{i+1} $(1 \leqslant i \leqslant s)$ 是交换群. 只需证明: $G^{(i)} \subset G_i$ $(1 \leqslant i \leqslant s+1)$. 显然 $G^{(1)} \subset G_1 = G$. 对 i 做归纳法, 可设 $G^{(i)} \subset G_i$. 考虑

$$\overline{[x,y]} = \bar{x}^{-1}\bar{y}^{-1}\bar{x}\bar{y} \in G_i/G_{i+1}, \quad \forall\, x, y \in G_i.$$

因 G_i/G_{i+1} 是交换群, 故 $[x,y] \in G_{i+1}$, 即 $G_i^{(1)} \subset G_{i+1}$. 由 $G^{(i)} \subset G_i$ 即得: $G^{(i+1)} = (G^{(i)})^{(1)} \subset G_i^{(1)} \subset G_{i+1}$. $\square$

推论 4.2.1 (1) 如果 G 是可解群, 则 G 的任意子群和同态像都是可解群.

(2) 如果 $K \lhd G$, 且 K 和 G/K 都是可解群, 则 G 是可解群.

证明 (1) G 是可解群, 故存在 $k \geqslant 1$ 使 $G^{(k)} = \{1\}$. 因此对任意子群 $H \subset G$, $H^{(k)} \subset G^{(k)} = \{1\}$, 从而 H 可解. 对任意满同态 $G \xrightarrow{\eta} \bar{G}$ 有 $\eta(G^{(k)}) = \bar{G}^{(k)}$, 故 $\bar{G}$ 可解.

(2) 设 $K, G/K$ 可解, 令 $G \xrightarrow{p} G/K$ 是商同态. 若 $(G/K)^{(k)} = \{\bar{1}\}$, 则 $p(G^{(k)}) = (G/K)^{(k)} = \{\bar{1}\}$, 从而 $G^{(k)} \subset K$. 所以存在 $l \geqslant 1$ 使 $G^{(k+l)} \subset K^{(l)} = \{1\}$, 故 G 是可解群. $\square$

定理 4.2.2 如果 $|G| = p^m$, 其中 p 是一个素数, 则 G 是可解群.

如果一个群的阶是一个素数 p 的幂, 通常称为 p-群. 上述定理的证明依赖于一个事实: 任何 p-群都有非平凡的中心.

证明 对 $|G|$ 应用归纳法: 若 G 非平凡, 可设定理对所有 $|G'| < |G|$ 的 p-群 G' 成立. 设 $C_1 = C(G) \lhd G$, 若 $C_1 = G$, 则 G 是可解群. 若 $C_1 \neq G$, 则 $G' := G/C_1$ 是非平凡 p-群且 $|G'| < |G|$, 故 C_1 和 G/C_1 都是可解群 (归纳假设). 根据推论 4.2.1的结论 (2), G 是可解群. $\square$

引理 4.2.2 设 G 是非平凡 p-群, 则 $p \mid |C(G)|$.

证明 在 G 中定义等价关系: $x \sim y \Leftrightarrow$ 存在 $a \in G$ 使得 $y = axa^{-1}$. 设 $G = \bigcup_{x \in G} O(x)$ 是它对应的划分, 此处 $O(x) = \{axa^{-1} \mid \forall a \in G\}$ 是 $x \in G$ 的等价类. 令 $H_x = \{h \in G \mid hxh^{-1} = x\}$. 容易验证 H_x 是 G 的子群且 $H_x = G \Leftrightarrow x \in C(G) \Leftrightarrow O(x) = \{x\}$. 令 $G/H_x = \{aH_x \mid a \in G\}$, 易证:

$$aH_x = bH_x \Longleftrightarrow axa^{-1} = bxb^{-1},$$

所以 $G/H_x \xrightarrow{\varphi} O(x)$, $\varphi(a \cdot H_x) = a x_x a^{-1}$, 是一个双射. 由

$$|G| = |C(G)| + \sum_{|O(x)|>1} |O(x)|, \quad |O(x)| = [G : H_x],$$

可得 $p \mid |C(G)|$. $\qquad\qquad\qquad\qquad\qquad\qquad\qquad\qquad\qquad\qquad \square$

最后我们介绍对称群 S_n (其定义见例 1.3.5) 的一些基本知识, 并证明, 当 $n \geqslant 5$ 时, S_n 不是可解群.

定义 4.2.4 $\pi \in S_n$ 称为一个 r-循环, 如果存在 $i_1, i_2, \cdots, i_r \in X = \{1, 2, \cdots, n\}$, 使 $\pi(i_1) = i_2, \pi(i_2) = i_3, \cdots, \pi(i_{r-1}) = i_r, \pi(i_r) = i_1$ 且 $\forall i \in X \setminus \{i_1, i_2, \cdots, i_r\}$, $\pi(i) = i$. 记为 $\pi = (i_1 i_2 \cdots i_r)$. 两个循环 $\pi_1 = (i_1 i_2 \cdots i_r)$, $\pi_2 = (j_1 j_2 \cdots j_s)$ 称为不相交, 如果 $\{i_1, i_2, \cdots, i_r\} \cap \{j_1, j_2, \cdots, j_s\} = \emptyset$. 此时必有 $\pi_1 \cdot \pi_2 = \pi_2 \cdot \pi_1$.

引理 4.2.3 若 $\pi \in S_n$ 是一个 r-循环, 则 $\pi \in S_n$ 是一个 r 阶元且

$$\pi = \left(i_1, \pi(i_1), \pi^2(i_1), \cdots, \pi^{r-1}(i_1)\right).$$

定理 4.2.3 S_n 中的置换可唯一地分解为互不相交的循环之积.

证明 设 $\pi \in S_n$, $\pi \neq 1$, 则存在 $1 \leqslant i_1 \leqslant n$ 使 $\pi(i_1) \neq i_1$. 令 r_1 是使 $i_1, \pi(i_1), \cdots, \pi^{r_1-1}(i_1)$ 互不相同的最大自然数, 则 $\pi^{r_1}(i_1) = i_1$. 令

$$\pi_1 = \left(i_1, \pi(i_1), \cdots, \pi^{r_1-1}(i_1)\right),$$

$X_1 = \{i_1, \pi(i_1), \cdots, \pi^{r_1-1}(i_1)\} \subset X$, $X_2 = X \setminus X_1$. 则 $\pi' = \pi|_{X_2} : X_2 \to X_2$ 是双射, 对 $X \setminus X_1$ 应用归纳法, 可设存在不相交循环 $\pi_i' : X_2 \to X_2$ 使 $\pi' = \pi_2' \cdots \pi_m'$. 定义 $\pi_i : X \to X$ 使得 $\pi_i|_{X_1} = \mathrm{id}_{X_1}$, $\pi_i|_{X_2} = \pi_i'$, 则 $\pi_1, \pi_2, \cdots, \pi_m$ 是 S_n 中的不相交循环, 且 $\pi = \pi_1 \cdot \pi_2 \cdot \cdots \cdot \pi_m$.

唯一性: 如果 $\pi = \pi_1 \cdot \pi_2 \cdot \cdots \cdot \pi_m = \alpha_1 \cdot \alpha_2 \cdot \cdots \cdot \alpha_{m'}$ 是两个不相交循环的分解. 只需证明: $\forall \pi_s \neq 1$, 存在 α_t 使得 $\pi_s = \alpha_t$. 事实上, 存在 $i \in X$ 使 $\pi_s(i) \neq i$, 故 $\pi(i) \neq i$, 从而存在 α_t 使 $\alpha_t(i) \neq i$. 所以

$$\pi_s(i) = \pi(i) = \alpha_t(i) \implies \forall k > 0, \pi_s^k(i) = \pi^k(i) = \alpha_t^k(i).$$

因此 $\pi_s = \alpha_t$. $\qquad\qquad\qquad\qquad\qquad\qquad\qquad\qquad\qquad\qquad \square$

推论 4.2.2 S_n 中置换可以分解为长度为 2 的循环 (称为对换) 之积.

证明 由等式 $(i_1 i_2 \cdots i_r) = (i_1 i_r)(i_1 i_{r-1}) \cdots (i_1 i_3)(i_1 i_2)$ 即得. $\qquad \square$

定义 4.2.5 如果 π 是长度分别为 $r_1, r_2, \cdots, r_s$ 的互不相交循环的乘积, 则 $\varepsilon_\pi = (-1)^{\sum_{i=1}^s (r_i - 1)}$ 称为 π 的符号.

显然, 如果 $\varepsilon_\pi = 1$, 则 π 可以写成偶数个对换之积. 若 $\varepsilon_\pi = -1$, 则 π 可以写成奇数个对换之积. 事实上

定理 4.2.4　$\varepsilon_\pi = 1 \Longleftrightarrow \pi$ 可以写成偶数个对换之积 (π 称为偶置换).

$\varepsilon_\pi = -1 \Longleftrightarrow \pi$ 可以写成奇数个对换之积 (π 称为奇置换).

推论 4.2.3　$\varepsilon_{\pi_1 \cdot \pi_2} = \varepsilon_{\pi_1} \cdot \varepsilon_{\pi_2}, \ \forall \pi_1, \pi_2 \in S_n$. 故所有偶置换的集合 $A_n \subset S_n$ 是一个子群, 称为 n 阶交错群.

定理 4.2.5　当 $n \geqslant 5$ 时, A_n 是单群. 特别地, 当 $n \geqslant 5$ 时, S_n 不是可解群.

证明　分三步证明 A_n 没有非平凡正规子群.

(1) A_n 由 3-循环生成:

$$(i\,j) = (1\,j)(1\,i)(1\,j), \quad (1\,i)(1\,j) = (1\,j\,i).$$

(2) 设 $H \lhd A_n$, 若 H 包含一个 3-循环 (比如 $(1\,2\,3)$), 则 H 包含所有 3-循环: 利用公式 $\alpha(i_1\,i_2 \cdots i_r)\alpha^{-1} = (\alpha(i_1)\,\alpha(i_2) \cdots \alpha(i_r))$, 取

$$\alpha = \begin{pmatrix} 1 & 2 & 3 & 4 & \cdots & n \\ i & j & k & i_4 & \cdots & i_n \end{pmatrix},$$

得 $(i\,j\,k) = \alpha(1\,2\,3)\alpha^{-1} \in H$.

(3) 若 $\{1\} \neq H \lhd A_n$, 则 H 包含一个 3-循环: 令 $\gamma \in H$ 是具有最多不动元的置换, 则 γ 必为 3-循环. 将 γ 分解为不相交循环的乘积, 如果 γ 不是 3-循环, 则要么 (i) γ 的分解包含一个长度 $\geqslant 3$ 的因子 $(i_1\,i_2\,i_3 \cdots)$, 要么 (ii) $\gamma = (i\,j)(k\,l) \cdots$ 是不相交对换的乘积.

情形 (i): 除 i_1, i_2, i_3 之外, γ 至少移动另外两个元素 i_4, i_5. 令

$$\alpha = (i_3\,i_4\,i_5), \quad \gamma_1 = \alpha\gamma\alpha^{-1} = (i_1\,i_2\,i_4 \cdots) \cdots,$$

则 $\gamma_1 \neq \gamma, 1 \neq \beta := \gamma_1 \cdot \gamma^{-1} \in H$. 设 $l \in \{1, 2, \cdots, n\} \setminus \{i_1, i_2, i_3, i_4, i_5\}$, 如果 $\gamma(l) = l$, 则 $\beta(l) = l$. 另一方面, γ 移动了 i_1, i_2, i_3, i_4, i_5, 但 $\beta(i_2) = \gamma_1(i_1) = i_2$, 故 $\beta \in H$ 保持不动的元素个数比 γ 要多, 矛盾!

情形 (ii): 令 $i_5 \notin \{i, j, k, l\}$, $\alpha = (k\,l\,i_5)$, $\gamma_1 = \alpha\gamma\alpha^{-1} = (i\,j)(l\,i_5) \cdots$, 则 $\gamma_1 \neq \gamma$. 令 $\beta = \gamma_1 \cdot \gamma^{-1} \in H$. 由于 α 保持 $\{1, 2, \cdots, n\} \setminus \{k, l, i_5\}$ 中元素不动, 所以 $\forall m \in \{1, 2, \cdots, n\} \setminus \{i, j, k, l, i_5\}$

$$\gamma(m) = m \Rightarrow \beta(m) = m.$$

但是 γ 移动 i, j, k, l, 而 $\beta(i) = \gamma_1(j) = i, \beta(j) = j$, 故 β 保持不动元素的个数比 γ 多, 矛盾!

综上可知, A_n 是非交换单群. 故 A_n 不可解, 从而 S_n 也不可解.　□

习 题 4.2

4.2.1 设群 $G = AB$, 其中 A, B 都是 G 的 Abel 子群 (即交换子群), 且 $AB = BA$. 令 $G^{(1)}$ 表示 G 的换位子群, 证明:

(1) $\forall a, x \in A$, $b, y \in B$, 总有 $[x^{-1}, y^{-1}][a, b][x^{-1}, y^{-1}]^{-1} = [a, b]$;

(2) $G^{(1)}$ 是 Abel 群.

4.2.2 证明:

(1) $S_n = \langle (1\,2), (1\,3), \cdots, (1\,n) \rangle$, 即 S_n 由对换 $(1\,2), (1\,3), \cdots, (1\,n)$ 生成;

(2) S_n 可由 $(1\,2)$ 和 $(1\,2\,3\cdots n)$ 生成, 即

$$S_n = \langle (1\,2), (1\,2\,3\cdots n) \rangle.$$

4.2.3 证明: 循环 $\pi = (1\,2\cdots n) \in S_n$ 的 k 次幂 π^k 是 d 个互不相交的循环之积, 每个循环的长度为 $q = \dfrac{n}{d}$, 其中 $d = (n, k)$ 是 n 和 k 的最大公因子.

4.2.4 设 $A_n = \{\pi \in S_n \mid \varepsilon_\pi = 1\} \subset S_n$, 证明:

(1) $A_n \lhd S_n$ (即 A_n 是 S_n 的正规子群);

(2) A_n 由 3-循环生成, 事实上, $A_n = \langle (1\,2\,3), (1\,2\,4), \cdots (1\,2\,n) \rangle$. (提示: 利用 $(a\,b) \cdot (b\,c) = (abc)$, $(ab) \cdot (cd) = (ab) \cdot (bc) \cdot (bc) \cdot (cd)$.)

4.2.5 群 G 中的两个元素 x, y 称为在 G 中共轭, 如果存在 $a \in G$, 使 $axa^{-1} = y$. 试证明:

(1) $\forall \pi \in S_n$, $\alpha = (i_1\,i_2\cdots i_r) \in S_n$ 有公式

$$\pi \cdot \alpha \cdot \pi^{-1} = (\pi(i_1)\,\pi(i_2)\cdots \pi(i_r)).$$

(2) 所有 3-循环在 S_n 中相互共轭. (所以 S_n 中包含 3-循环的正规子群必包含 A_n.)

(3) 如果 $n \geqslant 5$, 则所有 3-循环在 A_n 中相互共轭, 即对于任意 3-循环 $x, y \in A_n$, 存在 $a \in A_n$, 使 $axa^{-1} = y$.

4.2.6 证明: 对任意给定整数 $n > 0$, 在同构意义下仅有有限个 n 阶群. (提示: 任意 n 阶群均同构于 S_n 的一个子群.)

4.2.7 证明: 所有 4 阶群 G 都是交换群. 在同构意义下, G 要么是循环群, 要么同构于下述克莱因 4 元群:

$$V_4 = \{(1), (12)(34), (13)(24), (14)(23)\} \subseteq S_4.$$

(提示: 如果 $x^2 = 1$ 对 G 中所有元成立, 则 $\forall a, b \in G$, 有 $abab = 1 \implies ab = b^{-1}a^{-1} = b(b^{-1})^2 \cdot (a^{-1})^2 a = ba$.)

4.2.8 找出交错群 A_4 的所有子群.

4.3 单位根与循环扩张

多项式 $x^n - 1$ 的根称为 n 次单位根. 我们已经看到, n 次单位根是否可由有理数通过有限次加减乘除和开平方得到等价于正 n 边形是否可由直尺圆规作出, 而答案对于某些 n 是否定的 (比如 $n = 7$). 高斯证明: 如果允许开高次方 (而不仅仅是开平方), 则答案是肯定的. 换言之, 高斯证明了方程 $x^n - 1 = 0$ 是可解的. 我们从下面的初等引理开始.

引理 4.3.1 设 G 是有限交换群, $x \in G$ 具有最大阶数 n, 则

(1) 设 a, b 的阶分别是 m_1, m_2 且 $(m_1, m_2) = 1$, 则 ab 的阶必为 $m_1 m_2$;

(2) $y^n = 1 \ (\forall y \in G)$.

证明 (1) 显然 $(ab)^{m_1 m_2} = 1$. 若 $(ab)^N = 1$, 则 $a^{m_2 N} = b^{-m_2 N} = 1$, $b^{m_1 N} = a^{m_1 N} = 1$. 所以 $m_1 | m_2 N, \ m_2 | m_1 N$. 但 $(m_1, m_2) = 1$, 故 $m_1 | N, \ m_2 | N$ (从而 $(m_1 m_2) | N$). 因此 $m_1 m_2$ 是 ab 的阶.

(2) 设 $y \in G$ 的阶是 m, 如果 $y^n \neq 1$, 则 $m \nmid n$. 设 $d = (m, n)$ 是 m, n 的最大公因数, 则 $d < m$. 令 $d = p_1^{k_1} p_2^{k_2} \cdots p_s^{k_s}$ 是 d 的不可约分解,

$$d_1 = \prod_{p_i \nmid \frac{m}{d}} p_i^{k_i}, \quad d_2 = \frac{d}{d_1}.$$

那么 $\left(\dfrac{m}{d_1}, \dfrac{n}{d_2} \right) = 1$, y^{d_1} 的阶是 $\dfrac{m}{d_1}$, x^{d_2} 的阶是 $\dfrac{n}{d_2}$. 根据 (1), $x^{d_2} y^{d_1} \in G$ 的阶为 $n \cdot \dfrac{m}{d} > n$, 从而与 n 的选取矛盾. $\qquad\square$

定义 4.3.1 设 K 是一个域, $n > 0$ 是任意整数. $U_n(K) = \{\alpha \in K \mid \alpha^n = 1\}$ 关于 K 的乘法是一个群, 称为 K 中的单位根群.

定理 4.3.1 $U_n(K)$ 是一个循环群, 即 $U_n = \langle \alpha \rangle$.

证明 令 $N = |U_n(K)|$, $\alpha \in U_n(K)$ 是具有最大阶数的元. 无妨设 α 的阶为 m, 则 $m \mid N$. 但由引理 4.3.1, $U_n(K)$ 中每个元都是多项式 $x^m - 1 \in K[x]$ 的根, 故 $N \leqslant m$ (从而 $m = N$), 即 U_n 是循环群. $\qquad\square$

定义 4.3.2 设 $|U_n(K)| = m$, 则 $U_n(K)$ 的生成元称为 m 次本原单位根.

如果 K 是特征为 p 的有限域, 则 K 是 $\mathbb{F}_p$ 的有限扩张, $|K| = p^n := q$, 其中 $n = [K : \mathbb{F}_p]$. 对任意有限扩张 $K \subset L$, 映射 $L \xrightarrow{\eta_q} L$, $\alpha \mapsto \alpha^q$ 是域自同构 (称为弗罗贝尼乌斯 (Frobenius) 映射). 利用上述定理可得下述有限域结构定理.

定理 4.3.2 (有限域的结构) 设 p 是任意素数, $n > 0$ 是自然数, 则

(1) $f(x) = x^{p^n} - x \in \mathbb{F}_p[x]$ 的分裂域 $\mathbb{F}_q$ 恰有 $q = p^n$ 个元素;

(2) 如果 K 是一个 q 元域, 则 $K \cong \mathbb{F}_q$;

(3) 设 $\mathbb{F}_q \subset L$ 是 m 次扩张, 则 $L = \mathbb{F}_q[\alpha]$, 且 $\mathrm{Gal}(L/K) = <\eta_q>$ 是由弗罗贝尼乌斯映射 η_q 生成的循环群.

证明 (1) $f'(x) = -1$, 故 $f(x) = x^q - x$ 在分裂域 $\mathbb{F}_q$ 中恰有 $q = p^n$ 个根 $R_f = \{\alpha_1, \alpha_2, \cdots, \alpha_q\} \subset \mathbb{F}_q$. 直接验证 R_f 是子域, 从而 $R_f = \mathbb{F}_q$.

(2) 若 $\mathrm{Char}(K) = p_1$, $[K : \mathbb{F}_{p_1}] = m$, 则 $|K| = p_1^m = q$, 从而 $p_1 = p$, $m = n$, K 与 $\mathbb{F}_q$ 一样也是 $\mathbb{F}_p$ 的 n 次扩张. 由于 K^* 关于 K 的乘法是一个 $q-1$ 阶群, 故 $\forall u \in K^*$, 有 $u^{q-1} = 1$. 即域 K 也刚好由 $f(x) = x^q - x \in \mathbb{F}_p[x]$ 在 K 中的 q 个根组成. 因此 K 与 $\mathbb{F}_q$ 是同一个多项式的分裂域, $K \cong \mathbb{F}_q$ 得证.

(3) 对任意 $0 < k < m$, $L \xrightarrow{\eta_q^k} L$ 不是恒等映射 (否则多项式 $x^{q^k} - x$ 在 L 中有 q^m 个根, 与 $q^k < q^m$ 矛盾), 故 $\mathrm{Gal}(L/K) = <\eta_q>$ (因为 $|\mathrm{Gal}(L/K)| = [L : K] = m$). L^* 是 $q^m - 1$ 阶循环群, 所以 $L = K[\alpha]$. $\qquad\square$

推论 4.3.1 (本原元素定理) 设 $K \subset L$ 是有限, 可分扩张, 则存在 $\alpha \in L$ 使得 $L = K[\alpha]$, 即 $K \subset L$ 必为单扩张.

证明 根据定理 4.3.2中的 (3), 推论 3.4.1中 "K 是无限域" 的条件可以去掉. $\qquad\square$

例 4.3.1 对任意素数 p, $\mathbb{F}_p^*$ 中元都是多项式 $f(x) = x^{p-1} - \bar{1} \in \mathbb{F}_p[x]$ 的根. 所以 $x^{p-1} - \bar{1} = (x - \bar{1})(x - \bar{2}) \cdots (x - \overline{p-1})$. 令 $x = \bar{0}$ 可得 $-\bar{1} = \bar{1} \cdot \bar{2} \cdots \overline{(p-1)}$, 即威尔逊 (Wilson) 定理:

$$p \text{ 是素数} \iff (p-1)! \equiv -1 \bmod(p).$$

例 4.3.2 当素数 $p > 2$ 满足 $p \equiv 1 \bmod(4)$ 时, 方程 $x^2 \equiv -1 \bmod(p)$ 有解.

证明 由 $\mathbb{F}_p^* = \langle \alpha \rangle$ 得 $\alpha^{\frac{p-1}{2}} - \bar{1} \neq \bar{0}$ $(p > 2)$, 故 $\alpha^{\frac{p-1}{2}} + \bar{1} = \bar{0}$. 当 $p-1 = 4m$, α^m 是 $x^2 + \bar{1} = \bar{0}$ 的根, 故同余方程 $x^2 \equiv -1 \bmod(p)$ 有解. $\qquad\square$

定义 4.3.3 设 $F \subset E$ 是有限, 可分, 正规扩张. 若 $\mathrm{Gal}(E/F)$ 是循环群, 则称 $F \subset E$ 是循环扩张.

引理 4.3.2 (1) 设 $E = F[\alpha]$, $\alpha^N \in F$. 若 F 包含 N 次本原单位根 θ, 则 $\mathrm{Gal}(E/F)$ 是循环群.

(2) 设 $F \subset E$ 是 n 次循环扩张, 若 F 包含 n 次本原单位根 ζ, 则 $E = F[\alpha]$ 且 α 的极小多项式为 $\mu_\alpha(x) = x^n - a$.

证明 (1) 设 $b = \alpha^N \in F$, 则 $x^N - b = (x - \alpha)(x - \theta\alpha) \cdots (x - \theta^{N-1}\alpha)$. 设 $\eta \in \mathrm{Gal}(E/F)$, 则 $\eta(\alpha) = \chi(\eta)\alpha$ 其中 $\chi(\eta) \in U_N(F) = \langle \theta \rangle$ 由 η 唯一确定, 从而 $\mathrm{Gal}(E/F) \xrightarrow{\chi} U_N(F)$, $\eta \mapsto \chi(\eta)$, 是一个映射 (显然是单射). 不难验证 χ 是群同态, 从而 $\mathrm{Gal}(E/F)$ 同构于 $U_N(F)$ 的一个子群. 因此 $\mathrm{Gal}(E/F)$ 是循环群.

(2) 设 $\mathrm{Gal}(E/F) = \langle \varphi \rangle$. 因 $\varphi^n = 1$, 故存在一组基 $e_1, e_2, \cdots, e_n \in E$ 使得 $\varphi(e_i) = \lambda_i e_i$, 其中 $\lambda_i = \zeta^{n_i}$. 若存在 $i \neq j$ 使 $\lambda_i = \lambda_j$, 则 $\varphi\left(\dfrac{e_i}{e_j}\right) = \dfrac{e_i}{e_j}$, 从而 $\dfrac{e_i}{e_j} \in F$ 与 e_i, e_j 在 F 上线性无关矛盾! 故可设 $\varphi(e_i) = \zeta^i e_i$ $(1 \leqslant i \leqslant n)$. 同理 $e_1^n, \dfrac{e_i}{e_1^i} \in F$. 令 $\alpha = e_1 \in E$, $a = e_1^n \in F$ 即得结论: $E = F[\alpha]$ 且 α 的极小多项式 为 $\mu_\alpha(x) = x^n - a$. □

定理 4.3.3 (高斯) 设 $n > 0$, 则 $\mathbb{C}$ 中的任意 n 次本原单位根 ζ 可由有理数 域 $\mathbb{Q}$ 经有限次加减乘除和开方根得到, 即 $x^n - 1$ 在 $\mathbb{Q}$ 上可解.

证明 对 n 应用归纳法. 无妨设 $n > 1$, F 是由 $\mathbb{Q}$ 添加所有次数低于 n 的 单位根生成的域. 由归纳假设, F 中元素可由有理数域 $\mathbb{Q}$ 经有限次加减乘除和开 方根得到, 所以只需证明 $E = F[\zeta]$ 中元素可由 F 经有限次加减乘除和开方根得 到. 设素数 $p > 0$ 是 n 的一个因子. 若 $p = n$, 则 $\mathrm{Gal}(E/F)$ 是 $p - 1$ 阶循环群 $\mathrm{Gal}(\mathbb{Q}[\zeta]/\mathbb{Q})$ 的子群, 因而 $\mathrm{Gal}(E/F)$ 是一个 m 阶循环群 $(m < n)$ 且 F 包含 m 次本原单位根 (归纳假设). 由引理 4.3.2中结论 (2), 存在 $\alpha \in E$ 使 $E = F[\alpha]$ 且 α 具有形如 $x^m - a$ 的极小多项式. 若 $p < n$, 则 $\zeta^p \in F$ (因为 ζ^p 是 $\dfrac{n}{p}$ 次单位 根) 且 F 包含 p 次本原单位根 (归纳假设). 由引理 4.3.2中结论 (1), $\mathrm{Gal}(E/F)$ 是循环群. 令 $b = \zeta^p \in F$, 则 $E = F[\zeta] = F[\sqrt[p]{b}]$ 是 $x^p - b \in F[x]$ 的分裂域 (从 而 $F \subset E$ 是循环扩张). 由引理 4.3.2中结论 (2), E 可由 F 添加 $\sqrt[m]{a}$ 得到 (其中 $m = |\mathrm{Gal}(E/F)|$, $\sqrt[m]{a}$ 是不可约多项式 $x^m - a \in F[x]$ 的根). □

习 题 4.3

4.3.1 设 $G = \langle \alpha \rangle$ 是 n 阶循环群, 试证明:

(1) α^m 是 G 的生成元 (即 $G = \langle \alpha^m \rangle$) $\Leftrightarrow$ $(m, n) = 1$;

(2) 若 $\mathbb{Z}_n$ 表示模 n 的剩余类环, $U(\mathbb{Z}_n)$ 是它的单位群, 则

$$\bar{m} \in U(\mathbb{Z}_n) \Leftrightarrow (m, n) = 1;$$

(3) 设 $\mathrm{Aut}(G)$ 表示群 G 的自同构群, 则 $\mathrm{Aut}(G) \cong U(\mathbb{Z}_n)$.

4.3.2 设 F 是一个域, $F^* = F \setminus \{0\}$, 证明乘法群 F^* 的任何有限子群都是 循环群.

4.3.3 设 K 是特征零的域, L 是多项式 $x^n - 1 \in K[x]$ 的分裂域. 试证明: $\mathrm{Gal}(L/K)$ 同构于 $U(\mathbb{Z}_n)$ 的一个子群. 特别地, $\mathrm{Gal}(L/K)$ 总是交换群.

4.4 伽罗瓦群的可解性

在本节中, K 将表示一个特征为零的域. $f(x) \in K[x]$ 表示一个次数 $\deg(f) = n$ 没有重因子的多项式. $L \supset K$ 表示 $f(x)$ 的一个分裂域. $\alpha_1, \alpha_2, \cdots, \alpha_n \in L$ 表示 $f(x)$ 的 n 个不同的根: $f(x) = (x - \alpha_1)(x - \alpha_2) \cdots (x - \alpha_n)$.

$$G = \mathrm{Gal}(L/K) \xrightarrow{\sim} G_f \subset S_n.$$

G 和 G_f 都称为 f 的伽罗瓦群 (我们将不区分 $\mathrm{Gal}(L/K)$ 和 G_f).

定理 4.4.1 (伽罗瓦理论基本定理) 设 $K \subset L$ 是一个伽罗瓦扩张, $G = \mathrm{Gal}(L/K)$. 令 Γ 表示 G 中所有子群的集合, Σ 表示所有中间域 $K \subset E \subset L$ 的集合. 则映射 $\Gamma \xrightarrow{\Phi} \Sigma$, $H \mapsto L^H$, 是双射且满足:

(1) $H_1 \supset H_2 \Longleftrightarrow L^{H_1} \subset L^{H_2}$;

(2) $|H| = [L : L^H]$, $[G : H] = [L^H : K]$;

(3) $H \lhd G \Longleftrightarrow K \subset L^H$ 是正规扩张, 此时 $\mathrm{Gal}(L^H/K) \cong G/H$.

证明 双射及 (1), (2) 可由公式: $\mathrm{Gal}(L/L^H) = H$, $E = L^{\mathrm{Gal}(L/E)}$ 推出 (见第 3 章第 4 节, 定理 3.4.2 的证明), 故仅需证明 (3). 若 $H \lhd G$, 则 $L^{\eta^{-1} H \eta} = L^H$ ($\forall \eta \in G$), 即 $h(\eta(x)) = \eta(x)$ ($\forall x \in L^H$, $h \in H$). 换言之, $\eta(L^H) = L^H$. 由推论 3.3.4, $\forall \alpha \in L^H$ 及极小多项式 $\mu_\alpha(x)$ 的根 β, 存在 $\eta \in G$ 使 $\eta(\alpha) = \beta$. 故 $K \subset L^H$ 是正规扩张. 反之, 若 $K \subset L^H$ 是正规扩张, 则, $\forall \eta \in G$, $\eta(L^H) = L^H$ (因对任意 $\alpha \in L^H$, $\eta(\alpha)$ 是极小多项式 $\mu_\alpha(x)$ 之根). 故有群同态 $G = \mathrm{Gal}(L/K) \to \mathrm{Gal}(L^H/K)$ ($\eta \mapsto \bar\eta = \eta|_{L^H}$), 它的核是 $\mathrm{Gal}(L/L^H) = H$, 因此 $H \lhd G$. 此时, 由定理 3.3.2 的证明可知, 上述同态是满同态. 故 $G/H \cong \mathrm{Gal}(L^H/K)$. $\qquad\square$

定理 4.4.2 (主要定理) $f(x) = 0$ 可解 $\Longleftrightarrow$ $f(x)$ 的伽罗瓦群可解.

按照定义, 一个有限群 G 可解 $\Longleftrightarrow$ 存在正规列

$$\{1\} = G_1 \lhd G_2 \lhd \cdots \lhd G_i \lhd G_{i+1} \lhd \cdots \lhd G_s = G$$

使得 G_{i+1}/G_i 是交换群. 注意 $G_i \lhd G_{i+1}$ 存在中间正规子群当且仅当 G_{i+1}/G_i 包含非平凡的正规子群. 即: 存在 H 使 $G_i \lhd H \lhd G_{i+1}$ 且 $G_i \neq H \neq G_{i+1} \Longleftrightarrow H/G_i \lhd G_{i+1}/G_i$ 非平凡. 不难证明: 若 G 是交换群, 则 G 是单群当且仅当 G 是素数阶循环群. 故 G 是可解群当且仅当存在正规列

$$\{1\} = G_1 \lhd G_2 \lhd \cdots \lhd G_i \lhd G_{i+1} \lhd \cdots \lhd G_s = G$$

使 G_{i+1}/G_i 是素数阶循环群. 我们分两步完成主要定理证明:

引理 4.4.1 如果 $f(x)$ 的伽罗瓦群 $G = \mathrm{Gal}(L/K)$ 可解, 则 $f(x) = 0$ 可解.

证明 令 $m = [L : K]$, $K_1 = K[z_1]$, 其中 z_1 是 m 次本原单位根. 令 $\overline{L} = L[z_1]$, 则 $\overline{L} \supset K_1$ 是伽罗瓦扩张. 对任意 $\eta \in \mathrm{Gal}(\overline{L}/K_1)$, 由于 $L = K[\alpha_1, \alpha_2, \cdots, \alpha_n]$, 必有 $\eta(L) = L$. 所以 $\eta \mapsto \eta|_L$ 诱导了一个单同态:

$$\mathrm{Gal}(\overline{L}/K_1) \xrightarrow{\varphi} G = \mathrm{Gal}(L/K).$$

因此由 G 可解可得 $\overline{G} = \mathrm{Gal}(\overline{L}/K_1)$ 可解, 故存在正规列

$$\{1\} = \overline{G}_s \lhd \overline{G}_{s-1} \lhd \cdots \lhd \overline{G}_{i+1} \lhd \overline{G}_i \lhd \cdots \lhd \overline{G}_2 \lhd \overline{G}_1 = \overline{G}$$

使得 $\overline{G}_i/\overline{G}_{i+1}$ 是素数阶循环群. 该正规列确定了 $\overline{L}$ 的一个子域链:

$$\overline{L}^{\overline{G}_1} \subset \overline{L}^{\overline{G}_2} \subset \cdots \subset \overline{L}^{\overline{G}_i} \subset \overline{L}^{\overline{G}_{i+1}} \subset \cdots \subset \overline{L}^{\overline{G}_{s-1}} \subset \overline{L}^{\overline{G}_s}$$

$$K \subset K_1 \subset K_2 \subset \cdots \subset K_i \subset K_{i+1} \subset \cdots \subset K_{s-1} \subset \overline{L}$$

根据定理 4.3.3, $K_1 = K[z_1]$ 中元素可由 K 经有限次加减乘除和开方根得到. 由定理 4.4.1中结论 (3), $K_i \subset K_{i+1}$ 是正规扩张且 $\mathrm{Gal}(K_{i+1}/K_i) \cong \overline{G}_i/\overline{G}_{i+1}$ 是 p_i 阶循环群. 因为 $p_i \mid m$, $K_1 \subset K_i$ 包含 p_i 本原单位根, 故引理 4.3.2推出 $K_{i+1} = K_i[z_i]$ 且 z_i 的极小多项式形如 $x^{p_i} - a_i \in K_i[x]$, 即 K_{i+1} 由 K_i 添加 p_i 次方根得到. 因此 $f(x) = 0$ 可解.   □

引理 4.4.2 *如果 $f(x) = 0$ 可解, 则 $G = \mathrm{Gal}(L/K)$ 是可解群.*

证明 设 $f(x) = 0$ 可解, 则存在根塔 $K = K_1 \subset K_2 \subset \cdots \subset K_{r+1} = L$ 使 $K_{i+1} = K_i[z_i]$ 且 $\mu_{z_i}(x) = x^{n_i} - a_i \in K_i[x]$. 令 m 是 $n_1, n_2, \cdots, n_r$ 的最小公倍数. 若 K 包含 m 次本原单位根 (从而包含 n_i 次本原单位根), 则 $K_i \subset K_{i+1}$ 是正规扩张. 所以上述根塔确定了正规列

$$\{1\} = G_{r+1} \lhd G_r \lhd \cdots \lhd G_{i+1} \lhd G_i \lhd \cdots \lhd G_2 \lhd G_1 = G$$

使 $G_i = \mathrm{Gal}(L/K_i)$ 且 $G_i/G_{i+1} \cong \mathrm{Gal}(K_{i+1}/K_i)$. 由引理 4.3.2知 G_i/G_{i+1} 是循环群, 从而 G 是可解群.

一般情形可设 ζ 是 m 次本原单位根, $\overline{K}_i := K_i[\zeta]$ $(1 \leqslant i \leqslant r+1)$, 则同理可证 $\overline{G} := \mathrm{Gal}(\overline{L}/\overline{K})$ 是可解群. 但 $\mathrm{Gal}(\overline{L}/K)/\overline{G} \cong \mathrm{Gal}(\overline{K}/K)$ (应用定理 4.4.1中结论 (3) 于中间域 $K \subset \overline{K} \subset \overline{L}$ 可得该同构) 是交换群 (例 3.3.2), 故 $\mathrm{Gal}(\overline{L}/K)$ 是可解群. 另一方面, 令 $H := \mathrm{Gal}(\overline{L}/L) \lhd \mathrm{Gal}(\overline{L}/K)$, 则 $\mathrm{Gal}(L/K) \cong \mathrm{Gal}(\overline{L}/K)/H$ (应用定理 4.4.1中结论 (3) 于中间域 $K \subset L \subset \overline{L}$ 可得该同构). 所以 $G = \mathrm{Gal}(L/K)$ 是可解群.   □

设 $F[x_1, x_2, \cdots, x_n]$ 是域 F 上的多元多项式环, 它的分式域

$$F(x_1, x_2, \cdots, x_n) = \left\{ \frac{a(x_1, x_2, \cdots, x_n)}{b(x_1, x_2, \cdots, x_n)} \;\middle|\; b(x_1, x_2, \cdots, x_n) \neq 0 \right\}$$

称为 F 上关于 $x_1, x_2, \cdots, x_n$ 的有理函数域. 令 $s_1, s_2, \cdots, s_n$ 表示 $x_1, x_2, \cdots, x_n$ 的初等对称多项式, $K = F(s_1, s_2, \cdots, s_n)$ 称为对称有理函数域.

定理 4.4.3 (阿贝尔–鲁菲尼 (Abel-Ruffini)) 令 $K = F(s_1, s_2, \cdots, s_n)$. 则当 $n \geqslant 5$ 时,

$$f(x) = x^n - s_1 x^{n-1} + s_2 x^{n-2} - \cdots + (-1)^n s_n = 0$$

不可用根式解.

证明 设 L 是 $f(x)$ 的分裂域, 则 $L = F(x_1, x_2, \cdots, x_n)$, 且同态

$$\mathrm{Gal}(L/K) \to S_n, \quad \phi \mapsto \phi|_{\{x_1, x_2, \cdots, x_n\}},$$

是同构. 事实上, $\forall \pi \in S_n$, 因为 $x_1, x_2, \cdots, x_n$ 在上代数无关, 映射

$$F[x_1, x_2, \cdots, x_n] \xrightarrow{\phi_\pi} F[x_1, x_2, \cdots, x_n], \quad g(x_1, x_2, \cdots, x_n)$$

$$\mapsto g(x_{\pi(1)}, x_{\pi(2)}, \cdots, x_{\pi(n)}),$$

诱导了域同构 $L \xrightarrow{\phi_\pi} L$, 它保持 K 中元素不动. 故 $\mathrm{Gal}(L/K) \cong S_n$. 当 $n \geqslant 5$ 时, S_n 不可解 (定理 4.2.5). 由定理 4.4.2, 方程 $f(x) = 0$ 不可用根式解. $\square$

定理 4.4.4 设 p 是素数, $f(x) \in \mathbb{Q}[x]$ 是 p 次不可约多项式, $G_f \subset S_p$ 是 $f(x)$ 的伽罗瓦群. 若 $f(x) = 0$ 恰有两个非实数根, 则 $G_f = S_p$.

证明 设 $\pi \in S_p$ 是 p 阶元, $\pi = \pi_1 \pi_2 \cdots \pi_s$ 是不相交循环分解, 则

$$p \mid \ell(\pi_1) \ell(\pi_2) \cdots \ell(\pi_s) \quad (因 \pi^{\ell(\pi_1)\ell(\pi_2)\cdots\ell(\pi_s)} = 1),$$

从而 p 整除某个 $\ell(\pi_i)$. 所以 S_p 中 p 阶元必为 p-循环.

设 L 是 $f(x)$ 的分裂域, 则 $p \mid [L : \mathbb{Q}] = |G_f|$. 由下节西罗定理 I, G_f 包含一个 p 阶元 $\pi \in S_p$. 若 $f(x) = 0$ 恰有两个非实数根, 则共轭映射 $\mathbb{C} \to \mathbb{C}$ 诱导了根集合上的一个对换 $\sigma \in G_f$(重排根的次序可设 $\sigma = (12)$). 用 π 的适当幂代替 π, 可设 $\pi = (12 i_3 \cdots i_p)$. 重排 $i_3, \cdots, i_p$ 的次序, 可设 G_f 包含 $\sigma = (12)$ 和 $\pi = (12 \cdots p)$, 故 $G_f = S_p$. $\square$

例 4.4.1 $f(x) = x^5 - 80x + 5 \in \mathbb{Q}[x]$ 在 $\mathbb{Q}$ 上不可用根式解.

证明 易证 $f(x) = x^5 - 80x + 5$ 在 $\mathbb{Q}$ 上不可约且恰有两个非实数根, 故 $G_f = S_5$ 不可解. $\square$

习 题 4.4

4.4.1 设 E 是 $x^4 - 2$ 在 $\mathbb{Q}$ 上的分裂域.

(1) 试求出 $E/\mathbb{Q}$ 的全部中间域;

(2) 试问哪些中间域是 $\mathbb{Q}$ 的伽罗瓦扩张, 哪些域彼此共轭?

4.4.2 设 $K \supset F$ 是伽罗瓦扩张, $f(x)$ 是 $\alpha \in K$ 在 F 上的极小多项式, $g(x) = \prod\limits_{\sigma \in \mathrm{Gal}(K/F)} \big(x - \sigma(\alpha)\big)$. 证明: $g(x) \in F[x]$ 并且存在正整数 n 使得 $g = f^n$.

4.4.3 设 $\xi = e^{\frac{2\pi i}{13}}$, $\alpha = \xi + \xi^4 + \xi^3 + \xi^{12} + \xi^9 + \xi^{10}$, 证明:

(1) $\mathrm{Gal}\left(\mathbb{Q}[\xi]/\mathbb{Q}\right)$ 同构于乘法群 $\mathbb{F}_{13}^* = \mathbb{F}_{13} \setminus \{0\}$.

(2) $\big[\mathbb{Q}[\xi] : \mathbb{Q}[\alpha]\big] = 6$.

(3) 求 α 在 $\mathbb{Q}$ 上的极小多项式.

4.4.4 设 $p > 2$ 是素数, $\xi_p = e^{\frac{2\pi i}{p}}$, ξ_{p^2} 为 p^2 次本原单位根.

(1) 求 $\mathbb{Q}(\xi_p)/\mathbb{Q}$ 的扩张次数, 并证明 $\mathrm{Gal}(\mathbb{Q}(\xi_p)/\mathbb{Q}) \cong F_p^*$;

(2) 求 $\mathbb{Q}(\xi_{p^2})/\mathbb{Q}$ 的扩张次数, 并确定 $\mathrm{Gal}(\mathbb{Q}(\xi_{p^2})/\mathbb{Q})$(提示: 该群是 $(\mathbb{Z}/p^2\mathbb{Z})^*$);

(3) 试确定 $\mathbb{Q}(\xi_{p^2})/\mathbb{Q}(\xi_p)$ 的扩张次数, 并证明这是一个伽罗瓦扩张.

4.4.5 设 ξ_n 是 n 次本原单位根 (即 $\xi_n = e^{\frac{2\pi i}{n}}$).

(1) 证明 $\mathbb{Q}(\xi_n)/\mathbb{Q}$ 是伽罗瓦扩张;

(2) 当 $n = 12$ 时, 求伽罗瓦群 $\mathrm{Gal}\left(\mathbb{Q}[\xi_n]/\mathbb{Q}\right)$;

(3) 设 $n > 2$ 为奇数, 证明 $\mathbb{Q}[\xi_n] \cap \mathbb{R} = \mathbb{Q}[\xi_n + \xi_n^{-1}]$.

4.5 西罗定理与群作用

设 G 是一个有限群, 如果 $H \subset G$ 是子群, 则 $|H|$ 整除 G. 一个自然的问题是: 若 $m \,|\, |G|$, 是否存在子群 $H \subset G$, 使得 $|H| = m$?

例 4.5.1 当 $n \geqslant 5$ 时, 令 $m = \dfrac{n!}{4}$, 则 $m \,|\, |A_n|$. 但是不存在子群 $H \subset G$, 使得 $|H| = \dfrac{n!}{4}$ (否则 $|A_n/H| = 2$ 推出 $H \lhd A_n$).

定理 4.5.1 (西罗定理 I) *如果 p 是素数, $p^k \,|\, |G|$, 则存在子群 $H \subset G$, 使得 $|H| = p^k$.*

定理 4.5.2 (西罗定理 II) *设 p 是素数, $|G| = p^m q$, $(p, q) = 1$. 令*

$$P(G) = \big\{ 子群 P \subset G \,\big|\, |P| = p^m \big\}$$

($P(G)$ 中的子群称为西罗子群), 则下述结论成立:

(1) 设 $P_1, P_2 \in P(G)$, 则存在 $a \in G$ 使得 $P_2 = aP_1a^{-1}$, 即 P_1 与 P_2 共轭;

(2) $|P(G)| \equiv 1 \bmod (p)$ 且 $|P(G)|$ 整除 $q = \dfrac{|G|}{p^m}$;

(3) 对于任意子群 $H \subset G$, 若有 $|H| = p^k$, 则存在 $P \in P(G)$ 使得 $H \subset P$.

证明西罗定理的方法非常具有普适性, 它提供了通过群在不同集合上的作用研究群自身的范例, 我们从群作用的定义开始.

定义 4.5.1 (群作用) 设 G 是群, X 是集合. G 在 X 上的作用是一个映射

$$G \times X \to X, \ (g, x) \mapsto g \cdot x,$$

它满足如下条件: 对任意 $x \in X$, $g_1, g_2 \in G$,

(1) $1 \cdot x = x$;

(2) $(g_1 g_2) \cdot x = g_1 \cdot (g_2 \cdot x)$.

定义 4.5.2 设 $x \in X$, $G \cdot x = \{ g \cdot x \mid \forall\, g \in G \} \subset X$ 称为 x 的轨道 (也记为 $O(x)$). 子群 $\mathrm{stab}(x) = \{ g \in G \mid g \cdot x = x \} \subset G$ 称为 x 的稳定子.

引理 4.5.1 设群 G 在集合 X 上有一个作用 $G \times X \to X$, 则

$$x \sim y \iff \exists\, g \in G \text{ 使得 } g \cdot x = y$$

定义了 X 上的等价关系且 $\bar{x} = G \cdot x = O(x)$ 是以 x 为代表元的等价类.

证明 直接验证 (熟悉群作用定义的好练习). □

引理 4.5.2 设 X 是有限集, $G \times X \to X$ 是有限群 G 在 X 上的一个作用, 则

$$X = O(x_1) \cup \cdots \cup O(x_r), \quad O(x_i) \cap O(x_j) = \emptyset \ (i \neq j)$$

且 $|O(x_i)| = [G : \mathrm{stab}(x_i)]$.

证明 只需证明 $|O(x_i)| = [G : \mathrm{stab}(x_i)]$. 考虑满映射

$$f : G \to O(x_i), \ g \mapsto g \cdot x_i,$$

则, $\forall\, y = g_i \cdot x_i \in O(x_i)$, 有

$$f^{-1}(y) = \{ g \in G \mid g \cdot x_i = y = g_i \cdot x_i \}$$

$$= \{ g \in G \mid g_i^{-1}g \in \mathrm{stab}(x_i) \} = g_i \cdot \mathrm{stab}(x_i),$$

故 $|O(x_i)| = [G : \mathrm{stab}(x_i)]$. □

西罗定理 I 的证明 对 $|G|$ 使用数学归纳法. 考虑 G 在 G 上的共轭作用:

$$G \times G \to G, \ (g, x) \mapsto gxg^{-1},$$

令 $C(G) = \{x \in G \mid g \cdot x = x \cdot g, \, \forall g \in G\} \subset G$ 是 G 的中心, 则

$$|G| = |C(G)| + \sum_{|O(x_i)| > 1} [G : \mathrm{stab}(x_i)].$$

如果 $p \nmid |C(G)|$, 则存在 i 使 $p \nmid [G : \mathrm{stab}(x_i)]$, 从而 $p^k \mid |\mathrm{stab}(x_i)|$. 由归纳假设, 存在子群 $H \subset \mathrm{stab}(x_i)$ 使得 $|H| = p^k$.

如果 $p \mid |C(G)|$, 则 $C(G)$ 包含一个 p 阶元 $a \in C$ (柯西引理), 从而 $\langle a \rangle$ 是 G 的正规子群. 因为 $p^{k-1} \mid |G/\langle a \rangle|$, 根据归纳假设, 存在子群 $H/\langle a \rangle \subset G/\langle a \rangle$ 使得 $|H/\langle a \rangle| = p^{k-1}$. 故 $H \subset G$ 是 p^k 阶子群. $\qquad \square$

引理 4.5.3 (柯西引理) 如果 C 是有限交换群, p 是素数且 $p \mid |C|$, 则 C 中必有 p 阶元.

证明 设 $1 \neq a \in C$, $r = |\langle a \rangle| > 1$. 若 $p \mid r$, 则 $a^{\frac{r}{p}}$ 的阶为 p. 否则 $(p, r) = 1$, $p \mid |C/\langle a \rangle|$ 且 $|C/\langle a \rangle| < |C|$. 应用数学归纳法, 可设存在 p 阶元

$$\bar{b} = b \cdot \langle a \rangle \in C/\langle a \rangle.$$

令 $s = |\langle b \rangle|$, 由 $\bar{b}^s = \bar{1}$ 可知 $p \mid s$, 从而 $b^{\frac{s}{p}}$ 的阶为 p. $\qquad \square$

西罗定理 II 的证明 考虑 G 在集合 $P(G)$ 上的作用

$$G \times P(G) \to P(G), \quad (g, P) \mapsto gPg^{-1},$$

$\forall P_1 \in P(G)$, 令 $\Sigma = \{gP_1 g^{-1} \mid \forall g \in G\} \subset P(G)$ 表示 P_1 在 G 作用下的轨道. 对于任意西罗子群 $P \in P(G)$, G 在 Σ 上的作用诱导了 P 在 Σ 上的作用 $P \times \Sigma \to \Sigma$, $(g, P') \mapsto gP'g^{-1}$. 故存在有限个元素 $\sigma_i = g_i P_1 g_i^{-1} \in \Sigma$ 使得 $\Sigma = \bigcup_i O(\sigma_i)$, 其中 $O(\sigma_i)$ 是 σ_i 在 P 作用下的轨道. 由引理 4.5.2, $|O(\sigma_i)| = [P : \mathrm{stab}(\sigma_i)]$, 其中

$$\mathrm{stab}(\sigma_i) = \{g \in P \mid g \sigma_i g^{-1} = \sigma_i\} \subset P.$$

故 $|O(\sigma_i)| = 1 \Leftrightarrow P = \mathrm{stab}(\sigma_i) \Leftrightarrow P \subset N(\sigma_i) = \{g \in G \mid g \sigma_i g^{-1} = \sigma_i\}$ ($N(\sigma_i) \subset G$ 称为子群 $\sigma_1 \subset G$ 的正规化子), 下述断言将由后面引理推出.

断言: 设 $P, P' \in P(G)$. 若 $P \subset N(P')$, 则 $P = P'$.

由断言可知: $|O(\sigma_i)| = 1 \Leftrightarrow \sigma_i = P$. 所以 $|\Sigma| \equiv 1 \bmod (p)$ (在上述讨论中取 $P \in \Sigma$ 即可). 下面开始证明西罗定理 II.

定理中的结论 (1) 等价于 $\Sigma = P(G)$. 若存在 $P \in P(G) \setminus \Sigma$, 则所有轨道满足 $|O(\sigma_i)| > 1$, 从而 $p \mid |\Sigma|$. 矛盾!

结论 (2) 中的 $|P(G)| \equiv 1 \bmod (p)$ 由 $P(G) = \Sigma$ 可得. 由引理 4.5.2,

$$|P(G)| = |\Sigma| = [G : \mathrm{stab}(P_1)],$$

其中 $\mathrm{stab}(P_1) = \{\, g \in G \,|\, g P_1 g^{-1} = P_1 \,\} = N(P_1)$. 所以

$$|P(G)| = [G : N(P_1)] \,\big|\, [G : P_1] = \frac{|G|}{p^m} = q.$$

最后证明结论 (3), 即对于任意子群 $H \subset G$, 若 $|H| = p^k$, 则存在 $P \in P(G)$ 使得 $H \subset P$.

共轭作用 $G \times P(G) \to P(G)$ 诱导了 H 在 $P(G)$ 上的作用

$$H \times P(G) \to P(G), \ (h, P) \mapsto h P h^{-1},$$

H-轨道元素的个数都是 p 的幂. 但 $|P(G)| \equiv 1 \bmod (p)$, 故存在 $P \in P(G)$ 使得它的 H-轨道 $O(P) = \{h P h^{-1} \,|\, \forall\, h \in H\}$ 仅有一个元素, 即

$$H \subset N(P) = \{\, g \in G \,|\, g P g^{-1} = P \,\}.$$

下面的引理推出 $H \subset P$ 及**断言**. $\qquad\qquad\qquad\qquad\qquad\qquad$ □

引理 4.5.4 设 $P \in P(G)$, $H \subset G$ 是阶为 p^k 的子群. 如果 $H \subset N(P)$, 则 $H \subset P$. 因此, 如果 $P, P' \in P(G)$, $P \subset N(P')$, 则 $P = P'$.

证明 $P \lhd N(P)$, $H \subset N(P)$, $H \cdot P = \{h \cdot x \,|\, h \in H,\, x \in P\} \subset N(P)$ 是子群 (且包含 P). 考虑满同态 $N(P) \xrightarrow{\varphi} N(P)/P$ 和子群

$$(H \cdot P)/P \subset N(P)/P,$$

可以验证 $\varphi(H) = (H \cdot P)/P$, 并得到满同态 $H \xrightarrow{\varphi|_H} (H \cdot P)/P$. 由 $\ker(\varphi|_H) = H \cap P$ 得 $|(H \cdot P)/P| = |H/(H \cap P)| = p^l$, 故 $|H \cdot P| = p^l \cdot |P|$. 因此 $l = 0$, $H \cdot P = P$, 即 $H \subset P$. $\qquad\qquad\qquad\qquad\qquad\qquad\qquad\qquad$ □

习 题 4.5

4.5.1 设 $\mathrm{Aut}(X)$ 表示集合 X 的自同构群. 试证明:

(1) 若 $G \times X \to X$, $(g, x) \mapsto g \cdot x$, 是群 G 在 X 上的一个作用, $\forall\, g \in G$, 定义映射 $X \xrightarrow{\rho(g)} X$, $x \mapsto g \cdot x$. 则 $\rho(g) \in \mathrm{Aut}(X)$ 且映射

$$\rho : G \to \mathrm{Aut}(X),\ g \mapsto \rho(g)$$

是群同态;

(2) 若 $\rho : G \to \mathrm{Aut}(X)$ 是一个群同态, 则映射

$$G \times X \to X,\ (g, x) \mapsto \rho(g)(x)$$

是一个群作用.

4.5.2　20 阶群中共有多少个 5 阶元?

4.5.3　证明 15 阶的群一定是循环群.

4.5.4　证明 6 阶非 Abel 群一定同构于 S_3.

4.5.5　证明 12 阶群共有 5 个同构类, 即 12 阶群本质上只有 5 个.

4.5.6　设 p, q 是两个不同的素数, 则 pq 或 p^2q 阶群一定不是单群. (事实上: $p^a q^b$ 阶群一定是可解群.)

4.5.7　证明 200 阶群一定不是单群.

4.5.8　设 H 为群 G 的有限子群.

(1) 证明: $(h_1, h_2)(x) = h_2 x h_1^{-1}$ 定义了 $H \times H$ 在群 G 上的作用;

(2) 证明: H 为 G 的正规子群当且仅当上述作用的每条轨道都恰有 $|H|$ 个元素.

4.5.9　试证明若 $|G| < 60$ 且 G 是一个单群, 那么 G 一定是素数阶的循环群.

4.5.10　若 G 是 60 阶单群, 那么 G 一定同构于 A_5, 从而得到阶数最小的非交换单群是 A_5.

思维导图 4

第 5 章 模 论 初 步

模论某种意义上可以看成环 R 上的线性代数, 本章主要证明主理想整环上有限生成模的结构定理, 并介绍其两个主要应用: 有限生成交换群的结构和若尔当 (Jordan) 标准型的新证明.

5.1 模的基本概念

设 $M = (M, +, 0)$ 是一个阿贝尔群, $R = (R, +, \cdot, 0, 1)$ 是一个环. 映射 $R \times M \to M, (a, x) \mapsto ax$ 称为 M 的一个R-模结构, 如果它满足:

(1) $a(x + y) = ax + ay$;

(2) $(a + b)x = ax + bx$;

(3) $(ab)x = a(bx)$;

(4) $1x = x$.

定义 5.1.1 阿贝尔群 M 称为R-模 (或左 R-模), 如果 M 有一个 R-模结构 $R \times M \to M$.

定义 5.1.2 (模同态) 设 M_1, M_2 是 R-模, 映射 $M_1 \xrightarrow{f} M_2$ 称为R-模同态, 如果 f 是阿贝尔群同态, 且满足: $f(ax) = af(x), \forall a \in R, x \in M$.

定义 5.1.3 (子模) 设 M 是 R-模, 非空子集 $N \subset M$ 称为 M 的子模, 如果

(1) $\forall x_1, x_2 \in N \Rightarrow x_1 + x_2 \in N$;

(2) $\forall a \in R, x \in N \Rightarrow ax \in N$.

设 $N \subset M$ 是一个子模, M/N 是商群, 则 M 的 R-模结构

$$R \times M \to M, \quad (a, x) \mapsto ax$$

诱导了 M/N 的一个 R-模结构: $R \times M/N \to M/N, (a, \bar{x}) \mapsto \overline{ax}$, 使得 M/N 成为一个 R-模, 且映射 $M \xrightarrow{\varphi} M/N, \varphi(x) = \bar{x}$, 是 R-模同态.

定义 5.1.4 (商模) 上述的 R-模 M/N 称为 M 的一个商模, 模同态

$$M \xrightarrow{\varphi} M/N, \varphi(x) = \bar{x},$$

称为商同态.

例 5.1.1 任意交换群 $M = (M, +, 0)$ 都有一个 $\mathbb{Z}$-模结构

$$\mathbb{Z} \times M \to M, \ (n, x) \mapsto nx = \underbrace{x + \cdots + x}_{n},$$

所以任意交换群都是一个 $\mathbb{Z}$-模, M 的子群都是子模.

例 5.1.2 设 R 是一个环, 则 R 的乘法诱导 R 的一个 R-模结构: $R \times R \to R, (a, x) \mapsto ax$, 所以 R 总可以看成 R-模, 且 $I \subset R$ 是子模的充要条件是 I 是 R 的 (左) 理想.

例 5.1.3 设 R, R' 是环, 则任意环同态 $R \xrightarrow{\varphi} R'$ 确定了 R' 的一个 R-模结构: $R \times R' \to R', (a, x) \mapsto \varphi(a) \cdot x$, 所以 R' 是一个 R-模.

例 5.1.4 设 F 是一个域, $F[\lambda]$ 是以 λ 为不定元的多项式环, V 是一个 F-向量空间, 则任意线性算子 $V \xrightarrow{\mathcal{A}} V$ 确定了 V 上的一个 $F[\lambda]$-模结构:

$$F[\lambda] \times V \to V, \quad \big(f(\lambda), x\big) \mapsto f(\lambda)x := f(\mathcal{A})(x),$$

使得 V 成为一个 $F[\lambda]$-模. $W \subset V$ 是子模当且仅当 W 是 $\mathcal{A}$ 的不变子空间.

例 5.1.5 (自由模) 设 R 是一个环, 令 $R^n := R \times \cdots \times R$, 定义:

$$(x_1, x_2, \cdots, x_n) + (y_1, y_2, \cdots, y_n) := (x_1 + y_1, x_2 + y_2, \cdots, x_n + y_n),$$

$$a(x_1, x_2, \cdots, x_n) := (ax_1, ax_2, \cdots, ax_n), \ \forall a \in R$$

则 R^n 是一个 R-模. 任意同构于 R^n 的 R-模 M 称为秩为 n 的自由模.

设 M 是一个 R-模, $S \subset M$ 是任意非空集合, 则

$$\langle S \rangle = \left\{ \sum_{\text{有限和}} a_i x_i \mid a_i \in R, x_i \in S \right\}$$

是 M 中包含 S 的最小子模, 称为由 S 生成的子模.

定义 5.1.5 (有限生成模) 如果 $M = \langle S \rangle$, 则称 S 是 M 的一组生成元. 若存在有限集合 $S = \{x_1, x_2, \cdots, x_n\}$ 使

$$M = \langle S \rangle = \left\{ \sum_{i=1}^{n} a_i x_i \mid a_i \in R \right\},$$

则称 M 是有限生成 R-模. 若 $S = \{x\}$, 则 $\langle S \rangle = \{ax \mid a \in R\} := Rx$ 称为由 x 生成的循环模. $\text{ann}(x) := \{a \in R \mid ax = 0\} \subset R$ 是一个 (左) 理想, 称为 x 的零化子, 且 $Rx \xrightarrow{\sim} R/\text{ann}(x)$.

习 题 5.1

5.1.1 设 $R \overset{\varphi}{\to} R'$ 是环同态, M 是一个 R'-模. 证明:

$$R \times M \to M, \quad (a, x) \mapsto \varphi(a)x,$$

定义了 M 的一个 R-模结构使得 M 成为一个 R-模.

5.1.2 设 M 是一个 R-模, $\mathrm{Ann}(M) = \{a \in R \mid ax = 0, \forall x \in M\}$, 证明:

(1) $\mathrm{Ann}(M) \subset R$ 是理想;

(2) 对任意理想 $I \subset R$, 若 $I \subset \mathrm{Ann}(M)$, 则 $R/I \times M \to M, (\bar{a}, x) \mapsto ax$, 定义了 M 的一个 R/I-模结构.

5.1.3 设 $M = (M, +, 0)$ 是加法群, $\mathrm{End}(M) = \{ M \overset{\varphi}{\to} M \mid \varphi$是群同态$\}$ 是 M 所有群自同态组成的环. 试证明:

(1) $\mathrm{End}(M) \times M \to M, (\varphi, x) \mapsto \varphi \cdot x := \varphi(x)$, 是 M 的一个 $\mathrm{End}(M)$-模结构. (因此, M 是一个 $\mathrm{End}(M)$-模.)

(2) 设 R 是一个环, 则 M 有一个 R-模结构 $R \times M \to M, (a, x) \mapsto ax$ 的充要条件是存在环同态 $R \overset{\eta}{\to} \mathrm{End}(M)$ 使得 $ax = \eta(a)(x)$ 对任意 $a \in R, x \in M$ 成立.

5.1.4 设 $M = (M, +, 0)$ 是任意加法群, 证明: M 有唯一的 $\mathbb{Z}$-模结构.

5.1.5 设 R-模 M 的模结构由环同态 $R \overset{\eta}{\to} \mathrm{End}(M)$ 确定, $\varphi \in \mathrm{End}(M)$. 试证明: $M \overset{\varphi}{\to} M$ 是 R-模同态当且仅当 $\varphi \circ \eta(a) = \eta(a) \circ \varphi, \forall a \in R$.

5.1.6 R-模 M 称为不可约模, 如果 $M \neq 0$ 且 M 没有非平凡子模. 证明: R-模 M 不可约当且仅当存在极大左理想 $I \subset R$ 使得 $M \cong R/I$.

5.1.7 (舒尔 (Schur) 引理) 证明: 如果 M_1, M_2 是不可约 R-模, 则任何非零模同态 $M_1 \to M_2$ 必为同构.

5.1.8 (同态基本定理) 设 $\varphi: M \to M'$ 是 R-模同态. 证明: φ 的核

$$\ker(\varphi) = \{ x \in M \mid \varphi(x) = 0 \}$$

和像 $\mathrm{Im}(\varphi) = \{ \varphi(x) \mid \forall x \in M \}$ 必为子模, 且 φ 的诱导映射

$$\overline{\varphi}: M / \ker(\varphi) \to \mathrm{Im}(\varphi), \overline{\varphi}(\bar{x}) = \varphi(x),$$

必为同构.

5.2　有限生成模和矩阵

对于交换环 R, 通常的行列式理论对 $M_n(R)$ 成立. 特别地, $A \in M_n(R)$ 可逆当且仅当 $|A| \in R$ 可逆. 一般地, 如果 A^* 表示 A 的相伴矩阵, 则

$$A \cdot A^* = A^* \cdot A = |A| \cdot I_n.$$

初等矩阵必为可逆矩阵, 所以初等矩阵的乘积必为可逆矩阵. 但 $M_n(R)$ 中的可逆矩阵不一定都是初等矩阵的乘积.

定义 5.2.1　$x_1, x_2, \cdots, x_n \in M$ 称为 M 的一组基, 如果

(1) $x_1, x_2, \cdots, x_n$ 是 M 的一组生成元;

(2) $x_1, x_2, \cdots, x_n$ 线性无关:

$$a_1 x_1 + a_2 x_2 + \cdots + a_n x_n = 0 \Leftrightarrow a_1 = a_2 = \cdots = a_n = 0.$$

例 5.2.1　令 $e_i = (0, \cdots, 0, \overset{i}{1}, 0, \cdots, 0) \in R^n$, 则 $e_1, e_2, \cdots, e_n \in R^n$ 是 R^n 的一组基.

例 5.2.2　设 M 是有限生成 R-模, $x_1, x_2, \cdots, x_n \in M$ 是一组生成元, 则

$$R^n \overset{\varphi}{\to} M, \quad a_1 e_1 + a_2 e_2 + \cdots + a_n e_n \mapsto a_1 x_1 + a_2 x_2 + \cdots + a_n x_n,$$

是 R-模 (满) 同态. 生成元组 $x_1, x_2, \cdots, x_n \in M$ 是 M 的一组基当且仅当同态 $R^n \overset{\varphi}{\to} M$ 是单同态. 因此, M 存在一组基当且仅当 M 是自由模.

一般的有限生成模 M 不一定存在基, 它存在基的充分必要条件是 M 为自由 R-模, 即 $R^n \overset{\sim}{\to} M$. 如果 $x_1, x_2, \cdots, x_n \in M$ 是一组基, 容易证明: 对于任意可逆矩阵 $P \in M_n(R)$, $(x_1, x_2, \cdots, x_n) \cdot P$ 也是 M 的一组基.

定理 5.2.1　设 R 是交换环, M 是有限生成 R-模. 则 M 的任意两组基必有相同个数的元素. 特别, 若 $R^m \cong R^n$, 则必有 $m = n$.

证明　如果 $\alpha_1, \alpha_2, \cdots, \alpha_n \in M$, $\beta_1, \beta_2, \cdots, \beta_m \in M$ 是 M 的两组基, 则

$$(\alpha_1, \alpha_2, \cdots, \alpha_n) = (\beta_1, \beta_2, \cdots, \beta_m)A, \quad (\beta_1, \beta_2, \cdots, \beta_m) = (\alpha_1, \alpha_2, \cdots, \alpha_n)B,$$

其中 $A = (a_{ij})_{m \times n}$, $B = (b_{ij})_{n \times m}$, $AB = I_m$, $BA = I_n$. 若 $m < n$, 令

$$\overline{A} = \begin{pmatrix} a_{11} & a_{12} & \cdots & a_{1n} \\ \vdots & \vdots & & \vdots \\ a_{m1} & a_{m2} & \cdots & a_{mn} \\ 0 & 0 & \cdots & 0 \\ \vdots & \vdots & & \vdots \\ 0 & 0 & \cdots & 0 \end{pmatrix}_{n \times n}, \quad \overline{B} = \begin{pmatrix} b_{11} & \cdots & b_{1m} & 0 & \cdots & 0 \\ b_{21} & \cdots & b_{2m} & 0 & \cdots & 0 \\ \vdots & & \vdots & \vdots & & \vdots \\ b_{n1} & \cdots & b_{nm} & 0 & \cdots & 0 \end{pmatrix}_{n \times n},$$

则 $\overline{B}\cdot\overline{A}=BA=I_n$. 故 $|\overline{B}|\cdot|\overline{A}|=|\overline{B}\cdot\overline{A}|=1$ 与 $|\overline{A}|=0$ 矛盾. □

设 $x_1,x_2,\cdots,x_n$ 是 M 的一组生成元. 考虑满同态: $R^n \xrightarrow{\varphi} M$, $\varphi(e_i)=x_i$, 则 $R^n/K \xrightarrow{\bar\varphi} M$, $K=\ker(\varphi)\subset R^n$. 如果 K 也是有限生成 R-模, 令 $f_1,f_2,\cdots,f_m\in K$ 是一组生成元, $(f_1,f_2,\cdots,f_m)=(e_1,e_2,\cdots,e_n)A$, $A\in M_{n\times m}(R)$. 能否适当选取 R^n 的基 $e_1,e_2,\cdots,e_n$ 和 K 的生成元 $f_1,f_2,\cdots,f_m$, 使得 "关系矩阵" A 尽可能简单? 若 $P\in M_n(R)$, $Q\in M_m(R)$ 是可逆矩阵,

$$(e_1',e_2',\cdots,e_n'):=(e_1,e_2,\cdots,e_n)P,\quad (f_1',f_2',\cdots,f_m'):=(f_1,f_2,\cdots,f_m)Q$$

分别是 R^n 的另一组基和 K 的另一组生成元, 则

$$(f_1',f_2',\cdots,f_m')=(e_1',e_2',\cdots,e_n')P^{-1}AQ.$$

所以问题变成: 是否存在可逆矩阵 $P\in M_n(R)$, $Q\in M_m(R)$, 使得 $P^{-1}AQ$ 尽可能简单? 对主理想整环, 该问题有完美的解答.

定理 5.2.2 设 R 是主理想整环, 则任意子模 $K\subset R^n$ 是一个秩 $\leqslant n$ 的自由 R-模.

证明 当 $n=1$ 时, 无妨设 $K\subset R$ 是非零理想. 所以存在 $f\in K$, 使得 $K=R\cdot f$, 它是秩为 1 的自由模. 设定理对秩 $<n$ 的自由 R-模成立. 令 $e_1,e_2,\cdots,e_n\in R^n$ 是一组基, $D_{n-1}\subset R^n$ 是由 $e_2,e_3,\cdots,e_n$ 生成的自由子模, 则 $R^n/D_{n-1}=R\cdot\bar e_1$ 是秩为 1 的自由模. 如果 $\overline{K}=(K+D_{n-1})/D_{n-1}=0$, 则 $K\subset D_{n-1}$. 由归纳假设, K 是秩 $\leqslant n-1$ 的自由 R-模. 如果 $\overline{K}\neq 0$, 则存在 $\bar f_1\in R^n/D_{n-1}$ 使得 $\overline{K}=R\cdot\bar f_1$, $f_1\in K$ 是秩为 1 的自由模.

当 $K\cap D_{n-1}=0$ 时, $f_1\in K$ 是 K 的基. 若 $K\cap D_{n-1}\neq 0$, 则子模 $K\cap D_{n-1}\subset D_{n-1}$ 有一组基 $f_2,\cdots,f_m\in K\cap D_{n-1}$ 且 $m\leqslant n$. 可以证明 $f_1,f_2,\cdots,f_m\in K$ 是 K 的一组基. 事实上, $\forall y\in K$, $\bar y=a_1\bar f_1$, 可得 $y-a_1 f_1\in D_{n-1}\cap K$, 从而 $y=a_1 f_1+a_2 f_2+\cdots+a_m f_m$. 另一方面, 若

$$b_1 f_1+b_2 f_2+\cdots+b_m f_m=0,$$

则 $b_1 f_1=-(b_2 f_2+\cdots+b_m f_m)\in K\cap D_{n-1}$, 故 $b_1\bar f_1=0$. 从而可证

$$b_1=0,\ b_2=\cdots=b_m=0.$$ □

定理 5.2.3 设 R 是主理想整环, $A\in M_{n\times m}(R)$, 则存在可逆矩阵 $P\in M_n(R)$, $Q\in M_m(R)$, 使

$$PAQ = \begin{pmatrix} d_1 & & & & \\ & \ddots & & O & \\ & & d_r & & \\ & & & 0 & \\ O & & & & \ddots \\ & & & & & 0 \end{pmatrix},$$

其中 $d_i \neq 0$ 且 $d_i | d_j \, (i < j)$.

证明 $\forall a \in R, a \neq 0, a = p_1 \cdot p_2 \cdots p_s$ 是不可约分解. 令 $\ell(a) = s$, 则 $\ell(a) = 0 \Leftrightarrow a \in R$ 可逆. 对任意 $A = (a_{ij})_{n \times m} \in M_{n \times m}(R)$, 定义

$$\ell(A) = \min_{i,j}\{\ell(a_{ij}) \mid a_{ij} \neq 0\}.$$

我们只需要证明存在可逆矩阵 $P \in M_n(R), Q \in M_m(R)$ 使

$$PAQ = \begin{pmatrix} d_1 & 0 & \cdots & 0 \\ 0 & c_{22} & \cdots & c_{2m} \\ \vdots & \vdots & & \vdots \\ 0 & c_{n2} & \cdots & c_{nm} \end{pmatrix} \quad \text{使得 } d_1 | c_{ij}. \tag{5.1}$$

如果 $\ell(A) = 0$, 则对 A 做初等变换可得(5.1). 设结论(5.1)对任意满足 $\ell(A') < \ell(A)$ 的矩阵 $A' = (a'_{ij})_{n \times m}$ 成立. 通过初等变换, 可设 $a_{11} \neq 0, \ell(a_{11}) \leqslant \ell(a_{ij})$. 如果存在 $a_{1j} \neq 0$ 使 $a_{11} \nmid a_{1j}$, 不失一般性, 可设 $a_{11} \nmid a_{12}$. 令 $d = (a_{11}, a_{12})$, 则存在 $x, y \in R$ 使 $a_{11}x + a_{12}y = d$. 考虑

$$\begin{pmatrix} a_{11} & a_{12} & \cdots & a_{1m} \\ a_{21} & a_{22} & \cdots & a_{2m} \\ \vdots & \vdots & & \vdots \\ a_{n1} & a_{n2} & \cdots & a_{nm} \end{pmatrix} \cdot \begin{pmatrix} x & \dfrac{a_{12}}{d} & & \\ y & -\dfrac{a_{11}}{d} & & \\ & & 1 & \\ & & & \ddots \\ & & & & 1 \end{pmatrix} = \begin{pmatrix} d & 0 & a_{13} & \cdots & a_{1m} \\ & & * & & \end{pmatrix} = A'.$$

其中 $\ell(d) < \ell(a_{11})$ (因 $a_{11} \nmid a_{12}$), 则 $\ell(A') < \ell(A)$, 故结论(5.1)成立.

如果存在 a_{i1} 使 $a_{11} \nmid a_{i1}$, 无妨设 $a_{11} \nmid a_{21}, a_{21} \neq 0$. 令 $d = (a_{11}, a_{21}), d =$

$a_{11}x + a_{21}y$, 则

$$A' = \begin{pmatrix} x & y & & \\ -\dfrac{a_{21}}{d} & \dfrac{a_{11}}{d} & & \\ & & 1 & \\ & & & \ddots \\ & & & & 1 \end{pmatrix} \cdot \begin{pmatrix} a_{11} & a_{12} & \cdots & a_{1m} \\ a_{21} & a_{22} & \cdots & a_{2m} \\ \vdots & \vdots & & \vdots \\ a_{n1} & a_{n2} & \cdots & a_{nm} \end{pmatrix} = \begin{pmatrix} d & * & \cdots & * \\ 0 & * & \cdots & * \\ \vdots & \vdots & & \vdots \\ * & * & \cdots & * \end{pmatrix}.$$

同理 $\ell(A') < \ell(A)$, 故结论(5.1)成立.

如果 $a_{11}|a_{1j}\,(1 \leqslant j \leqslant m)$, $a_{11}|a_{i1}\,(1 \leqslant i \leqslant n)$, 则通过初等变换, 可设

$$A = \begin{pmatrix} a_{11} & 0 & \cdots & 0 \\ 0 & a_{22} & \cdots & a_{2m} \\ \vdots & \vdots & & \vdots \\ 0 & a_{n2} & \cdots & a_{nm} \end{pmatrix}_{n \times m},$$

如果 $a_{11}|a_{ij}$, 则结论(5.1)成立. 如果存在 a_{ij} 使 $a_{11} \nmid a_{ij}\,(i \geqslant 2, j \geqslant 2)$, 将 A 的第 i 行加到第 1 行, 得到

$$A' = \begin{pmatrix} a_{11} & a_{i2} & \cdots & a_{ij} & \cdots & a_{im} \\ 0 & a_{22} & \cdots & a_{2j} & \cdots & a_{2m} \\ \vdots & \vdots & & \vdots & & \vdots \\ 0 & a_{n2} & \cdots & a_{nj} & \cdots & a_{nm} \end{pmatrix}, \quad a_{11} \nmid a_{ij}.$$

前面的讨论表明 A' 满足结论(5.1), 所以 A 满足结论(5.1). □

习 题 5.2

5.2.1 设 R 是任意环, 证明: $R^m \cong R^n$ 当且仅当存在 $A \in M_{m \times n}(R)$, $B \in M_{n \times m}(R)$ 使得 $AB = I_m$, $BA = I_n$.

5.2.2 设 R 是交换环, $\eta \colon R^n \to R^n$ 是满同态. 证明 η 必为双射. 如果 η 是单射, 它一定是满射吗?

5.2.3 设 R 是交换整环, $e_1, e_2, \cdots, e_n \in R^n$ 是一组基. 令

$$(f_1, f_2, \cdots, f_n) = (e_1, e_2, \cdots, e_n)A, \quad A \in M_n(R).$$

证明:

(1) $f_1, f_2, \cdots, f_n$ 生成一个秩为 n 的子模 $K \subset R^n$ 的充要条件是 $\det(A) \neq 0$;

(2) $\forall \bar{x} \in R^n/K$, 则 $\det(A) \cdot \bar{x} = 0$.

5.2.4 设 $K \subset \mathbb{Q}[\lambda]^3$ 是由 $f_1 = (2\lambda - 1, \lambda, \lambda^2 + 3)$, $f_2 = (\lambda, \lambda, \lambda^2)$, $f_3 = (\lambda + 1, 2\lambda, 2\lambda^2 - 3)$ 生成的 $\mathbb{Q}[\lambda]$-子模. 试求 K 的一组基.

5.2.5 设 R 是欧氏环 $(\delta \colon R^* \to \mathbb{N})$, $A \in M_n(R)$ 且 $\det(A) \neq 0$. 证明: 存在可逆矩阵 $P \in M_n(R)$ 使得

$$PA = \begin{pmatrix} d_1 & b_{12} & b_{13} & \cdots & b_{1n} \\ & d_2 & b_{23} & \cdots & b_{2n} \\ & & d_3 & \cdots & b_{3n} \\ & & & \ddots & \vdots \\ & & & & d_n \end{pmatrix}$$

是上三角矩阵且 $d_i \neq 0 \, (1 \leqslant i \leqslant n)$, $\delta(b_{ji}) < \delta(d_i)$.

5.3   有限生成 R-模的结构

对于一般的环 R, 有限生成 R-模 M 的结构可以非常复杂, 确定它是一个困难问题. 本节仅考虑当 R 是主理想整环时, M 的结构定理.

设 $M_1, M_2, \cdots, M_s$ 是 R-模, 则 $M_1 \oplus \cdots \oplus M_s := \{ (x_1, x_2, \cdots, x_s) \mid x_i \in M_i \}$ 在运算

$$(x_1, x_2, \cdots, x_s) + (y_1, y_2, \cdots, y_s) := (x_1 + y_1, x_2 + y_2, \cdots, x_s + y_s),$$

$$a \cdot (x_1, x_2, \cdots, x_s) = (ax_1, ax_2, \cdots, ax_s), \quad \forall a \in R$$

下是一个 R-模, 称为 $M_1, M_2, \cdots, M_s$ 的直和. 对于任意子模 $M_1, M_2, \cdots, M_s \subset M$, 映射: $M_1 \oplus M_2 \oplus \cdots \oplus M_s \xrightarrow{\varphi} M$, $(x_1, x_2, \cdots, x_s) \mapsto x_1 + x_2 + \cdots + x_s$, 是一个 R-模同态. 它的像 $\mathrm{Im}(\varphi) = M_1 + M_2 + \cdots + M_s$ 称为子模 $M_1, M_2, \cdots, M_s$ 的和. 如果 φ 是单射, $\mathrm{Im}(\varphi) = M_1 + M_2 + \cdots + M_s$ 称为直和, 也记为 $M_1 \oplus M_2 \oplus \cdots \oplus M_s$.

定理 5.3.1 (基本结构定理)   设 R 是主理想整环, M 是非零有限生成 R-模. 则存在 $z_1, z_2, \cdots, z_s \in M$ 使得: $M = Rz_1 \oplus Rz_2 \oplus \cdots \oplus Rz_s$, 且

$$\mathrm{ann}(z_1) \supset \mathrm{ann}(z_2) \supset \cdots \supset \mathrm{ann}(z_s), \quad \mathrm{ann}(z_i) \neq R \quad (1 \leqslant i \leqslant s).$$

证明 设 $x_1, x_2, \cdots, x_n \in M$ 是一组生成元, 考虑满同态 $\varphi \colon R^n \to M$ 使得 $\varphi(e_i) = x_i$. 设 $f_1, f_2, \cdots, f_m \in K = \ker(\varphi)$ 是一组生成元,

$$(f_1, f_2, \cdots, f_m) = (e_1, e_2, \cdots, e_n) A.$$

由定理 5.2.3, 存在可逆矩阵 $P \in M_n(R)$, $Q \in M_m(R)$ 使

$$PAQ = \begin{pmatrix} d_1 & & & & & \\ & \ddots & & & O & \\ & & d_r & & & \\ & & & 0 & & \\ O & & & & \ddots & \\ & & & & & 0 \end{pmatrix} \quad d_i \neq 0, \, d_i \mid d_j \, (i < j)$$

从而 $(f_1, f_2, \cdots, f_m) Q = (e_1, e_2, \cdots, e_n) P^{-1} \cdot (PAQ)$. 令

$$(f'_1, f'_2, \cdots, f'_m) := (f_1, f_2, \cdots, f_m) Q, \quad (e'_1, e'_2, \cdots, e'_n) := (e_1, e_2, \cdots, e_n) P^{-1},$$

则 $f'_1, f'_2, \cdots, f'_m \in K$ 是 K 的生成元, $e'_1, e'_2, \cdots, e'_n \in R^n$ 是一组基, 且满足

$$(f'_1, f'_2, \cdots, f'_m) = (e'_1, e'_2, \cdots, e'_n) \cdot \mathrm{diag}\{d_1, d_2, \cdots, d_r, 0, \cdots, 0\}.$$

令 $(y_1, y_2, \cdots, y_n) = (x_1, x_2, \cdots, x_n) \cdot P^{-1}$ 是 $(e'_1, e'_2, \cdots, e'_n)$ 是同态 φ 下的像, 则 $y_1, y_2, \cdots, y_r \in M$ 是 M 的另一组生成元, 且 $d_i \cdot y_i = 0 \, (1 \leqslant i \leqslant r)$. 我们断言 $M = R \cdot y_1 + R \cdot y_2 + \cdots + R \cdot y_n$ 是直和: 若 $\sum\limits_{i=1}^{n} b_i y_i = 0$, 则 $\sum\limits_{i=1}^{n} b_i e'_i \in K$,

$$\sum_{i=1}^{n} b_i e'_i = \sum_{i=1}^{m} c_i f'_i = c_1 d_1 e'_1 + c_2 d_2 e'_2 + \cdots + c_r d_r e'_r.$$

由于 $e'_1, e'_2, \cdots, e'_n$ 是一组基, 因此 $b_1 = c_1 d_1$, $b_2 = c_2 d_2, \cdots, b_r = c_r d_r$, $b_{r+1} = b_{r+2} = \cdots = b_n = 0$, 从而 $b_i y_i = 0 \, (i = 1, 2, \cdots, n)$, 所以

$$M = R \cdot y_1 \oplus R \cdot y_2 \oplus \cdots \oplus R \cdot y_n, \, \mathrm{ann}(y_i) = (d_i).$$

如果 d_i 可逆, 则 $\mathrm{ann}(y_i) = R$ (从而 $y_i = 0$). 因此

$$M = R \cdot z_1 \oplus R \cdot z_2 \oplus \cdots \oplus R \cdot z_s, \quad \mathrm{ann}(z_1) \supset \mathrm{ann}(z_2) \supset \cdots \supset \mathrm{ann}(z_s)$$

且 $\mathrm{ann}(z_i) \neq R \, (1 \leqslant i \leqslant s)$. $\qquad\qquad\qquad\qquad\qquad\qquad\qquad \square$

定义 5.3.1　设 M 是 R-模, 则 $\mathrm{tor}(M) = \{x \in M \mid \exists\, a \in R,\, a \neq 0 \ \text{使}\ ax = 0\}$ 是 M 的子模, 称为挠子模 (torsion 子模). 如果 $M = \mathrm{tor}(M)$, 则称 M 是挠模 (torsion 模).

推论 5.3.1　主理想整环 R 上的有限生成模 M 必为挠子模和自由子模的直和: $M = \mathrm{tor}(M) \oplus F$, 其中 $F \subset M$ 是自由 R-模.

证明　设 $M = Rz_1 \oplus Rz_2 \oplus \cdots \oplus Rz_s$, $\mathrm{ann}(z_1) \supset \mathrm{ann}(z_2) \supset \cdots \supset \mathrm{ann}(z_s)$. 若 $\mathrm{ann}(z_1) = 0$, 则 M 是自由模, $\mathrm{tor}(M) = 0$. 若 $\mathrm{ann}(z_1) \neq 0$, 令 $1 \leqslant r \leqslant s$ 使得 $\mathrm{ann}(z_r) \neq 0$, $\mathrm{ann}(z_{r+1}) = 0$. 显然 $Rz_1 \oplus Rz_2 \oplus \cdots \oplus Rz_r \subset \mathrm{tor}(M)$, $F = Rz_{r+1} \oplus Rz_{r+2} \oplus \cdots \oplus Rz_s$ 是自由 R-模. 另外, $\forall\, x = a_1 z_1 + \cdots + a_r z_r + \cdots + a_s z_s \in \mathrm{tor}(M)$, 存在 $a \in R$, $a \neq 0$ 使 $ax = aa_1 z_1 + \cdots + aa_r z_r + \cdots + aa_s z_s = 0$. 易见 $aa_i \in \mathrm{ann}(z_i)$, $aa_i = 0\ (i > r)$ (从而 $a_i = 0$), $x = \sum\limits_{i=1}^{r} a_i z_i$. 故 $\mathrm{tor}(M) = Rz_1 \oplus Rz_2 \oplus \cdots \oplus Rz_r$. □

推论 5.3.2　设 M 是一个有限生成 R-挠模, 则

$$M = Rx_1 \oplus Rx_2 \oplus \cdots \oplus Rx_t \quad \mathrm{ann}(x_i) = (p_i^{m_i}).$$

证明　只需证明: 如果 $\mathrm{ann}(x) = (d)$, $d = g \cdot h$, $(g, h) = 1$, 则

$$Rx = Ry \oplus Rz, \quad \mathrm{ann}(y) = (g), \quad \mathrm{ann}(z) = (h).$$

事实上, 令 $a, b \in R$ 使 $1 = ag + bh$, 则 $x = ag \cdot x + bh \cdot x$. 取 $y = bh\,x$, $z = ag\,x$ 即可. □

定理 5.3.2 (唯一性定理)　设 $M = Rz_1 \oplus Rz_2 \oplus \cdots \oplus Rz_s = Rw_1 \oplus Rw_2 \oplus \cdots \oplus Rw_t$, 其中 $\mathrm{ann}(z_1) \supset \mathrm{ann}(z_2) \supset \cdots \supset \mathrm{ann}(z_s)$, $\mathrm{ann}(w_1) \supset \mathrm{ann}(w_2) \supset \cdots \supset \mathrm{ann}(w_t)$, 则 $s = t$, $\mathrm{ann}(z_i) = \mathrm{ann}(w_i)\,(1 \leqslant i \leqslant s)$.

证明　无妨设 $\mathrm{tor}(M) = Rz_1 \oplus Rz_2 \oplus \cdots \oplus Rz_r = Rw_1 \oplus Rw_2 \oplus \cdots \oplus Rw_u$, 则 $M/\mathrm{tor}(M) \cong Rz_{r+1} \oplus Rz_{r+2} \oplus \cdots \oplus Rz_s \cong Rw_{u+1} \oplus Rw_{u+2} \oplus \cdots \oplus Rw_t$ 是同构的自由 R-模. 因此 $s - r = t - u$, $\mathrm{ann}(z_{r+i}) = \mathrm{ann}(w_{u+i}) = 0\,(1 \leqslant i \leqslant s - r)$. 所以, 只需考虑 M 是挠模的情形即可. 子模 $M_p = \{x \in M \mid$ 对某个 $k \in \mathbb{N}$, $p^k x = 0\} \subset M$ 称为 M 的一个 p-分支 ($p \in R$ 是一个不可约元). 考虑分解

$$M = Rz_1 \oplus Rz_2 \oplus \cdots \oplus Rz_s, \quad Rz_i = \bigoplus_{j=1}^{m_i} Rx_{ij}, \quad \mathrm{ann}(x_{ij}) = (p_{ij}^{k_{ij}}),$$

$p_{ij} \in R$ 是不可约元, 可得 $M_p = \bigoplus\limits_{p_{ij} = p} Rx_{ij}$. 因此, 只需证明 p-分支 M_p 的分解唯一性. 无妨设 $M = M_p$. 如果

$$M = Rz_1 \oplus Rz_2 \oplus \cdots \oplus Rz_s = Rw_1 \oplus Rw_2 \oplus \cdots \oplus Rw_t$$

且 $\operatorname{ann}(z_1) \supset \operatorname{ann}(z_2) \supset \cdots \supset \operatorname{ann}(z_s)$, $\operatorname{ann}(w_1) \supset \operatorname{ann}(w_2) \supset \cdots \supset \operatorname{ann}(w_t)$. 可设

$$\operatorname{ann}(z_i) = (p^{e_i}), \quad \operatorname{ann}(w_i) = (p^{f_i}), \quad e_1 \leqslant \cdots \leqslant e_s, \ f_1 \leqslant \cdots \leqslant f_t.$$

令 $p^k M := \{ p^k x \mid \forall x \in M \} \subset M (k = 0, 1, \cdots)$, 则 $M^{(k)} := p^k M / p^{k+1} M$ 是 $\mathbb{F}_p := R/(p)$-向量空间, 其维数可计算如下:

$$\dim_{R/(p)} \left(M^{(k)} \right) = \#\{ i \mid e_i > k \}. \tag{5.2}$$

为证公式(5.2), 注意 $p^k M = R p^k z_1 \oplus R p^k z_2 \oplus \cdots \oplus R p^k z_s$, $p^k z_i = 0 \ (e_i \leqslant k)$, 得

$$p^k M = \bigoplus_{\{ i \mid e_i > k \}} R p^k z_i.$$

易证 $\{ \overline{p^k z_i} \in M^{(k)} = p^k M / p^{k+1} M \mid e_i > k \}$ 是 $M^{(k)}$ 的一组基. 同理,

$$\dim_{R/(p)} \left(M^{(k)} \right) = \#\{ i \mid f_i > k \}.$$

由(5.2)可知 $s = t$, $e_i = f_i$. $\qquad\square$

设 M 是一个交换群 (加法群), M 可以看成一个 $\mathbb{Z}$-模, 则 M 是有限生成群当且仅当 M 作为 $\mathbb{Z}$-模是有限生成模. 故

推论 5.3.3 (有限生成阿贝尔群的结构) 设 M 是有限生成交换群, 则

$$M = \operatorname{tor}(M) \oplus \mathbb{Z}^r \quad (r \text{ 称为 } M \text{ 的秩})$$

且 $\operatorname{tor}(M) = \bigoplus_{i=1}^{s} \mathbb{Z}/p_i^{e_i} \mathbb{Z}$, $\{p_i^{e_i}, r\}$ 由 M 唯一确定, 其中素数 $p_i \in \mathbb{Z}$ 不必两两不同. 换言之, 有限生成交换群可以写成循环群的直和.

例 5.3.1 设 M 是有限交换群, n 是 M 中最大阶元的阶数, 则对任意 $x \in M$, 有 $nx = 0$.

证明 因 M 是有限, 故 $M = \operatorname{tor}(M) = \bigoplus_{i=1}^{s} \mathbb{Z}/p_i^{e_i} \mathbb{Z}$. 设 $q_1, q_2, \cdots, q_t$ 是分解中出现的全部不同素数, n_i 是 q_i 在分解中出现的最高幂次, 则

$$(q_1^{n_1} q_2^{n_2} \cdots q_t^{n_t}) x = 0, \quad \forall \, x \in M.$$

令 $a_i \in M$ 的阶为 $q_i^{n_i}$, 则 $a = a_1 a_2 \cdots a_t$ 是 M 中的一个最大阶元, 它的阶为 $n := q_1^{n_1} q_2^{n_2} \cdots q_t^{n_t}$. $\qquad\square$

设 V 是域 k 上的向量空间, $V \xrightarrow{\mathcal{A}} V$ 是线性算子, $\dim_k(V) = n$. 定义运算: $k[\lambda] \times V \to V$, $(g(\lambda), v) \mapsto g(\lambda) \cdot v := g(\mathcal{A})(v)$, 则 V 是一个 $k[\lambda]$-模. 设 $v_1, v_2, \cdots, v_n \in V$ 是向量空间的一组基,

$$(\mathcal{A}v_1, \mathcal{A}v_2, \cdots, \mathcal{A}v_n) = (v_1, v_2, \cdots, v_n)A, \quad A \in M_n(k),$$

即 $(\lambda v_1, \lambda v_2, \cdots, \lambda v_n) = (v_1, v_2, \cdots, v_n)A$, $(v_1, v_2, \cdots, v_n)(\lambda I - A) = 0$. 定义 $k[\lambda]$-模同态: $k[\lambda]^n \xrightarrow{\varphi} V$, $\varphi(e_i) = v_i$. 在 $M_n(k[\lambda])$ 中 $\det(\lambda I - A) \neq 0$, 因此 $\lambda I - A$ 的列向量在 $k[\lambda]^n$ 中生成一个秩为 n 的子模. 事实上该子模恰是 $\ker(\varphi)$, 即

引理 5.3.1 $\lambda I - A$ 的列向量 $f_1, f_2, \cdots, f_n$ 构成 $K = \ker(\varphi)$ 的一组生成元, 其中

$$(f_1, f_2, \cdots, f_n) = (e_1, e_2, \cdots, e_n)(\lambda I - A).$$

由定理 5.2.3 可知: 存在可逆矩阵 $P(\lambda), Q(\lambda) \in M_n(k[\lambda])$, 使

$$P(\lambda)(\lambda I - A)Q(\lambda) = \begin{pmatrix} 1 & & & & & \\ & \ddots & & & & \\ & & 1 & & & \\ & & & d_1(\lambda) & & \\ & & & & \ddots & \\ & & & & & d_s(\lambda) \end{pmatrix}, \quad d_i(\lambda)|d_{i+1}(\lambda).$$

若 $d_i(\lambda) = p_{i1}(\lambda)^{m_{i1}} p_{i2}(\lambda)^{m_{i2}} \cdots \cdot p_{in_i}(\lambda)^{m_{in_i}}$ 是不可约分解, 则

$$V = \bigoplus_{i,j} k[\lambda] \cdot z_{ij}, \quad \mathrm{ann}(z_{ij}) = (p_{ij}(\lambda)^{m_{ij}}).$$

例 5.3.2 若 $k = \mathbb{C}$, 则 $d_i(\lambda) = (\lambda - \lambda_{i1})^{m_{i1}} (\lambda - \lambda_{i2})^{m_{i2}} \cdots (\lambda - \lambda_{in_i})^{m_{in_i}}$,

$$V_{ij} = k[\lambda] \cdot z_{ij} = k[\mathcal{A}] \cdot z_{ij} \subset V$$

是 $\mathcal{A}$ 的不变子空间, $z_{ij}, (\mathcal{A} - \lambda_{ij}I)z_{ij}, \cdots, (\mathcal{A} - \lambda_{ij}I)^{m_{ij}-1}z_{ij}$ 是 V_{ij} 的一组基. $\mathcal{A}|_{V_{ij}}$ 在该组基下的矩阵是

$$J_{\lambda_{ij}}(m_{ij}) = \begin{pmatrix} \lambda_{ij} & & & & \\ 1 & \lambda_{ij} & & & \\ & 1 & \lambda_{ij} & & \\ & & \ddots & \ddots & \\ & & & 1 & \lambda_{ij} \end{pmatrix}_{m_{ij} \times m_{ij}}.$$

习 题 5.3

5.3.1 设 M 是主理想整环 R 上的挠模. 证明: M 是不可约 R-模当且仅当 $M = R \cdot z$, $\mathrm{ann}(z) = (p)$, $p \in R$ 不可约.

5.3.2 设 M 是主理想整环 R 上的有限生成挠模, M 称为不可分解模, 如果 M 不能写成两个非零子模的直和. 证明: M 不可分解当且仅当 $M = R \cdot z$, $\mathrm{ann}(z) = (p^e)$, $p \in R$ 不可约.

思维导图 5

习题解答与提示

习　题　1.1

1.1.1 利用域的定义和性质直接验证.

1.1.2 直接验证满足域的 9 条性质.

1.1.3 注意到 $\dfrac{1}{\sqrt{2}+\sqrt{3}} = \sqrt{3} - \sqrt{2}$, 从而 $\sqrt{2}, \sqrt{3} \in \mathbb{Q}[\sqrt{2}+\sqrt{3}]$.

1.1.4 直接验证满足域的 9 条性质, 零元为 $f^{-1}(0)$, 单位元为 $f^{-1}(1)$.

1.1.5 按两种方式展开 $(1+1) \cdot (a+b)$.

1.1.6 $\bar{2}^{-1} = \overline{\dfrac{1}{2}(p+1)}$, $\overline{p-1} \cdot \overline{p-2} = \overline{(-1)} \cdot \overline{(-2)} = \bar{3}$, $\overline{p-2}^{-1} = \overline{(-2)}^{-1} = -\bar{2}^{-1} = -\overline{\dfrac{1}{2}(p+1)} = \overline{\dfrac{1}{2}(p-1)}$.

习　题　1.2

1.2.1 利用环的定义和性质直接验证.

1.2.2 参考习题 1.1.5.

1.2.3 直接验证满足环的 7 条性质.

1.2.4 直接验证.

1.2.5 设 c 是 $1-ab$ 的逆, 形式上由 $(1-x)^{-1} = 1 + x + x^2 + x^3 + \cdots$ 知

$$(1-ba)^{-1} = 1 + ba + baba + bababa + \cdots$$
$$= 1 + b(1 + ab + abab + \cdots)a$$
$$= 1 + b(1-ab)^{-1}a = 1 + bca,$$

然后直接验证 $1+bca$ 是 $1-ba$ 的逆.

1.2.6 首先利用 $(x+x)^2 = (x+x)$ 证明 $x = -x$, 然后再利用 $(x+y)^2 = (x+y)$ 证明 $xy = -yx$.

1.2.7 注意到 $a - b^{-1} = (ab-1)b^{-1}$; 第二个利用 $(a-b^{-1})^{-1}a - 1 = (a-b^{-1})b^{-1}$ 可逆, 或者直接验证其逆为 $aba - a$.

1.2.8 将 $A(x)$ 写成 $A_k x^k + A_{k-1}x^{k-1} + \cdots + A_1 x + A_0$(其中 $A_i \in M_{n \times m}(K)$), 然后对 k 使用数学归纳法. 唯一性利用若 $(xI_n - A)B'(x) = R' \in M_{n \times m}(K)$, 两边左乘 $(xI_n - A)$ 的代数余子式, 则推出 $B'(x) = R' = 0$.

1.2.9 $\bar{a}$ 可逆 $\Leftrightarrow$ 存在 $\bar{b}$ 使得 $\bar{a} \cdot \bar{b} = \bar{1} \Leftrightarrow ab = 1 + \ell m \Leftrightarrow (a,m) = 1$.

1.2.10 设 r 是使得 $ra = 0$ 的最小正整数, 则子集合 $H_a = \{ma \mid \forall m \in \mathbb{Z}\} \subset R$ 恰有 r 个元素. 可以证明: 对任意 $x \in R$, 子集合 $x + H_a = \{x + ma \mid \forall m \in \mathbb{Z}\} \subset R$ 也恰有 r 个元素. 易见 R 可以写成有限个两两不同子集合 $x_1 + H_a, \cdots, x_s + H_a$ 的并集, 且它们互不相交. 故 $r \mid n$.

1.2.11 (1) $1 - x$ 的逆为 $1 + x + x^2 + \cdots + x^{n-1} + x^n + x^{n+1} + \cdots = 1 + x + x^2 + \cdots + x^{n-1}$.

(2) 必要性显然; 充分性利用: 设 $m = p_1^{r_1} p_2^{r_2} \cdots p_s^{r_s}$ 是 m 的因数分解, 如果有某个 $r_i > 1$ 则 $p_1 p_2 \cdots p_s$ 是 $\mathbb{Z}_m$ 中的幂零元.

1.2.12 由 $\big(x(y+1)\big)^2 = x^2(y+1)^2 \Rightarrow xyx = x^2 y$, 再由 $(x+1)y(x+1) = (x+1)^2 y \Rightarrow xy = yx$.

1.2.13 (1) $0 = (2x)^6 - (2x) = (2^6 - 2)x = 62x$, $0 = (3x)^6 - (3x) = (3^6 - 3)x = 726x$; 再由 $2 = (62, 726)$ 知 $2x = 0$. 注意到在 $\mathbb{F}_2[x]$ 中 $x^6 - x$ 和 $(x+1)^6 - (x+1)$ 的最大公因子恰为 $x^2 - x$ 即可.

(2) 参考习题 1.2.6.

习 题 1.3

1.3.1 若 ab 的阶为 k, 则 $e = (ab)^k = a(ba)^{k-1}b \Rightarrow a^{-1} = (ba)^{k-1}b \Rightarrow e = (ba)^{k-1}ba$, 即 $(ba)^k = e$; 反之亦然.

1.3.2 直接验证.

1.3.3 $e = (ab)^2 = abab \Rightarrow ba = ba \cdot abab = ab$.

1.3.4 $(C(\mathbb{R}), +)$ 是交换群直接验证, $(C(\mathbb{R}), +, \cdot)$ 不是环, 不一定满足分配律.

1.3.5 $S_3 = \{e, (12), (13), (132), (23), (123)\}$, 其乘法表为

	e	(12)	(13)	(132)	(23)	(123)
e	e	(12)	(13)	(132)	(23)	(123)
(12)	(12)	e	(132)	(13)	(123)	(23)
(13)	(13)	(123)	e	(23)	(132)	(12)
(132)	(132)	(23)	(12)	(123)	(13)	e
(23)	(23)	(132)	(123)	(12)	e	(13)
(123)	(123)	(13)	(23)	e	(12)	(132)

1.3.6 反证法: 设 $G = H_1 \cup H_2$, 取 $h_1 \in H_1, h_2 \in H_2$ 使得 $h_1 \notin H_2, h_2 \notin H_1$, 则 $h_1 h_2 \in G = H_1 \cup H_2$, 导出矛盾.

1.3.7 设 b 的右逆为 c, 即 $b \cdot c = 1_r$; 从而

$$b \cdot a = (b \cdot a) \cdot 1_r = (b \cdot a) \cdot (b \cdot c) = b \cdot (a \cdot b) \cdot c = (b \cdot 1_r) \cdot c = b \cdot c = 1_r.$$

$$1_r \cdot a = (a \cdot b) \cdot a = a \cdot (b \cdot a) = a \cdot 1_r = a.$$

1.3.8 必要性显然; 对于充分性, 设 1_r 是 $a_0 x = a_0$ 的解, 则对于任意的 a, 存在 y 使得 $ya_0 = a$, 从而

$$a \cdot 1_r = ya_0 \cdot 1_r = y \cdot (a_0 \cdot 1_r) = y \cdot a_0 = a.$$

另一方面, 由 $ax = 1_r$ 有解知 a 有右逆, 再利用习题 1.3.7.

1.3.9 (1) 利用群的定义.

(2) 设 $G = \{a_1, a_2, \cdots, a_n\}$, 则

$$\{a_i a_1,\ a_i a_2, \cdots, a_i a_n\} = G = \{a_1 a_i,\ a_2 a_i, \cdots, a_n a_i\}.$$

然后说明 G 有右单位且每个元素都有右逆, 再利用习题 1.3.7.

1.3.10 将 G 中的元素按照 a, a^{-1} 进行配对, 注意到 $e^{-1} = e$, 从而必存在 $e \neq a \in G$ 使得 $a^{-1} = a$.

1.3.11 $xy = -\begin{pmatrix} 1 & 1 \\ 0 & 1 \end{pmatrix} \Rightarrow (xy)^k = (-1)^k \begin{pmatrix} 1 & k \\ 0 & 1 \end{pmatrix}$.

1.3.12 按照定义验证.

<h2 style="text-align:center">习 题 1.4</h2>

1.4.1 直接验证.

1.4.2 直接计算可得 $G = \left\{ f_1 = x,\ f_2 = \dfrac{1}{x},\ f_3 = 1 - x,\ f_4 = \dfrac{1}{1-x},\ f_5 = \dfrac{x}{x-1},\ f_6 = \dfrac{x-1}{x} \right\}$, 其乘法表为

	f_1	f_2	f_3	f_4	f_5	f_6
f_1	f_1	f_2	f_3	f_4	f_5	f_6
f_2	f_2	f_1	f_4	f_3	f_6	f_5
f_3	f_3	f_6	f_1	f_5	f_4	f_2
f_4	f_4	f_5	f_2	f_6	f_3	f_1
f_5	f_5	f_4	f_6	f_2	f_1	f_3
f_6	f_6	f_3	f_5	f_1	f_2	f_4

参考习题 1.3.5, 则 $f_1 \mapsto e$, $f_2 \mapsto (12)$, $f_6 \mapsto (123)$ 给出 $G \to S_3$ 的一个同构.

1.4.3 直接验证.

1.4.4 充分性是直接的; 对于必要性, 设 $\phi(x) = f(x) \in K[x]$, $\phi\big(g(x)\big) = x$, 则 $x = g\big(f(x)\big)$, 通过分析次数可知 $\deg f(x) = 1$.

1.4.5 $x \mapsto e^x$ 诱导了所要的同构.

1.4.6 反证法: 假设存在同构 $f : (\mathbb{Q}, +) \to (\mathbb{Q}_{>0}, \cdot)$, 记 $2 = f(a)$, 则 $f\left(\dfrac{a}{2}\right) \cdot f\left(\dfrac{a}{2}\right) = f\left(\dfrac{a}{2} + \dfrac{a}{2}\right) = f(a) = 2$, 这与 $f\left(\dfrac{a}{2}\right) \in \mathbb{Q}_{>0}$ 矛盾.

1.4.7 注意到 $\mathbb{Q}$ 可由 1 通过做四则运算生成, 故其自同构只有恒等; 设 $f : \mathbb{R} \to \mathbb{R}$ 是域的自同构, 任取 $0 < a \in \mathbb{R}$, 则 $f(a) = f(\sqrt{a} \cdot \sqrt{a}) = f(\sqrt{a})^2 > 0$, 再由 $f|_{\mathbb{Q}}$ 是恒等映射知 f 必为 $\mathbb{R}$ 上的恒等映射. 这个题目说明: 子域的自同构有时不能延拓为扩域的自同构, 比如考虑 $\mathbb{R}$ 的子域 $\mathbb{Q}[\sqrt{2}]$.

1.4.8 按定义验证两者为子域. 作为域它们不同构, 否则存在域同构 $\varphi : \mathbb{Q}[\sqrt{2}] \to \mathbb{Q}[\sqrt{5}]$. 易见 φ 保持 $\mathbb{Q}$ 中元素不变, 故 $\varphi(\sqrt{2}) = \sqrt{5}$, 从而 $2 = \varphi(2) = \varphi(\sqrt{2})^2 = 5$ 矛盾.

1.4.9 (1) 直接验证.

(2) 取 $\alpha \in K \backslash \mathbb{R}$, 由 $1, \alpha, \alpha^2$ 在 $\mathbb{R}$ 上线性相关知存在 $a, b, c \in \mathbb{R}$ 使得 $a \cdot \alpha^2 + b \cdot \alpha + c = 0$. 由 $\alpha \notin \mathbb{R}$ 知 $\Delta = b^2 - 4ac < 0$, 从而 $K = \mathbb{R}[\alpha] \cong \mathbb{R}\left[\dfrac{\sqrt{\Delta} - b}{2a}\right] = \mathbb{C}$.

1.4.10 按照二次扩张的定义直接验证.

1.4.11 依群的定义直接验证.

1.4.12 S_2.

1.4.13 (1) 按照定义验证;

(2) 按照定义验证;

(3) $\mathrm{Hom}\left((\mathbb{Z}, +)\right) \cong \mathbb{Z}$, 但是对于任意域 K, 都不存在 $K \to \mathbb{Z}$ 的环同态.

1.4.14 参考习题 1.1.4, 由于 $\mathbb{Z}, \mathbb{Q}$ 都是可数集, 故存在双射 $f : \mathbb{Z} \to \mathbb{Q}, \forall a, b \in \mathbb{Z}$ 定义

$$a \oplus b = f^{-1}\left(f(a) + f(b)\right),$$

则 $(\mathbb{Z}, \oplus)$ 上存在运算 $\star$ 使得 $(\mathbb{Z}, \oplus, \star)$ 是一个 $\mathbb{Q}$-线性空间. 由习题 1.4.13 的 (3) 知 $(\mathbb{Z}, +)$ 上不存在 $\mathbb{Q}$-线性空间结构, 故 $(\mathbb{Z}, \oplus)$ 与 $(\mathbb{Z}, +)$ 不同构.

习 题 2.1

2.1.1 注意到如果 $r_1^{m_1} \in I, r_2^{m_2} \in I$, 则 $(r_1 + r_2)^{m_1 + m_2 - 1} \in I$; 然后直接验证.

2.1.2 由 $p \cdot x = 0$ 知

$$(x + y)^p = x^p + \sum_{i=1}^{p-1} \binom{p}{i} x^{p-i} y^i + y^p = x^p + y^p.$$

然后重复使用上式.

2.1.3 环中的所有非零元集合关于乘法是一个满足左右消去律的有限半群, 再利用习题 1.3.9 的 (2).

2.1.4 任取一个非零元 a, 考虑理想降链:

$$(a) \supset (a^2) \supset \cdots \supset (a^{m_1}) \supset \cdots \supset (a^{m_2}) \supset \cdots$$

由于只有有限个理想, 故存在 $0 < m_1 < m_2$ 使得 $(a^{m_1}) = (a^{m_2})$, 即存在 b 使得 $a^{m_1} = b \cdot a^{m_2}$, 从而 $b \cdot a^{m_2 - m_1 - 1}$ 是 a 的乘法逆元.

2.1.5 依定义直接验证.

2.1.6 m 是极大理想 $\Leftrightarrow \forall x \in R \backslash m, x, m$ 生成 $R \Leftrightarrow \forall x \in R \backslash m, \exists y \in R, z \in m$ 使得 $1 = xy + z \Leftrightarrow$ 对任意的 $\bar{0} \neq \bar{x} \in R/m, \exists \bar{y} \in R/m$ 使得 $\bar{1} = \bar{x} \cdot \bar{y}$.

2.1.7 (1) $\Rightarrow$ (2) $\Rightarrow$ (3) 是直接的.

(3) $\Rightarrow$ (1) 利用 $Z/I = \mathbb{F}_p$ 和习题 2.1.6.

2.1.8 $\mathbb{Z}[x]/(p) \cong \mathbb{F}_p[x]$, 而 $\mathbb{F}_p[x]$ 是整环, 但不是域.

2.1.9 直接验证.

2.1.10 当 char $F = 0$ 时, 直接验证. 当 char $F = p > 0$ 时, 充分性是直接的; 对于必要性, 设

$$f(x) = a_0 + a_1 x + \cdots + a_p x^p + \cdots + a_{p^2} x^{p^2} + \cdots + a_n x^n,$$

则

$$f'(x) = a_1 + 2a_2 x + \cdots + p a_p x^{p-1} + \cdots + p^2 a_{p^2} x^{p^2-1} + \cdots + n a_n x^{n-1}$$

$$= a_1 + 2a_2 x + \cdots + \cancel{p a_p x^{p-1}} + \cdots + \cancel{p^2 a_{p^2} x^{p^2-1}} + \cdots + n a_n x^{n-1},$$

由 $0 = f'(x)$ 知: 只要 $p \nmid i$, 则 $a_i = 0$, 从而 $f(x) = a_0 + a_p x^p + a_{p^2} x^{p^2} + \cdots$.

2.1.11 依定义直接验证.

2.1.12 直接逐一验证 K-向量空间的 8 条性质.

2.1.13 (1) $M_n(K)$ 的中心是纯量矩阵, 同构于 K; 而 $M_n(K)$ 是 K 上的 n^2 维向量空间.

(2) 任取 n 维 K-代数 R 中的元素 a, 定义映射

$$\phi_a: R \to R, \ x \mapsto ax.$$

则 ϕ_a 是 K-线性映射. 从而得到一个映射 $\phi: R \to \mathrm{End}(R)$, 可以证明 ϕ 是环同态且是单射, 再注意到 $\mathrm{End}(R) \cong \mathrm{End}(K^n) \cong M_n(K)$.

(3) 利用习题 2.1.11 的 (1) 知 $C(R)$ 是一个有限域, 又 R 只有有限个元素, 故只能是 $C(R)$ 上的有限维代数.

2.1.14 (1) $1, \alpha, \alpha^2, \cdots, \alpha^n$ 在 K 上线性相关 (其中 $n = \dim_K R$).

(2) 假设 $\mu_\alpha(x) = f_1(x) \cdot f_2(x)$ 是一个分解, 则 $0 = \mu_\alpha(\alpha) = f_1(\alpha) \cdot f_2(\alpha)$ 且 $f_1(\alpha) \neq 0, f_2(\alpha) \neq 0$, 矛盾.

(3) 直接利用 (2) 即可.

2.1.15 $\mathbb{F}_{3^2}$ 是 9 元域可以直接验证; 也可以利用 $\mathbb{F}_{3^2} \cong \mathbb{F}_3[x]/(x^2+1)$, 而 (x^2+1) 是 $\mathbb{F}_3[x]$ 的极大理想. 类似地

$$\left\{ \begin{pmatrix} a & b \\ -b & a \end{pmatrix} \ \middle| \ a, b \in \mathbb{F}_5 \right\} \cong \mathbb{F}_5[x]/(x^2+1),$$

但是注意到 x^2+1 在 $\mathbb{F}_5[x]$ 中是可约的, 从而 $\mathbb{F}_5[x]/(x^2+1)$ 不是整环, 更不可能是域了.

习 题 2.2

2.2.1 利用最大公因数的定义和 m, n 最大公因数在 $R(\mathbb{Z}$ 或者 $\mathbb{Z}[i])$ 中的性质: $\exists a, b \in R$ 使得 $(m, n) = an + bm$.

2.2.2 反证法: 假设素元 p 可约, 证明 R/P 不是整环.

2.2.3 注意到 PID 是 UFD, 设 $r = p_1^{m_1} p_2^{m_2} \cdots p_s^{m_s}$ 是不可约分解. 若理想 $I = (a)$ 包含 r, 则 $a \sim p_1^{k_1} p_2^{k_2} \cdots p_s^{k_s}$, 其中 $0 \leqslant k_i \leqslant m_i$.

2.2.4 (1) 利用 $\delta(b)$ 有限, 而 $\delta(r_k)$ 随 k 增加严格递降.

(2) 利用 $(a, b) = (b, r_1) = (r_1, r_2) = \cdots = (r_i, r_{i+1}) = \cdots$.

(3) 利用 $r_1, r_2, r_3, \cdots, r_{k-1}$ 都可由 a, b 生成.

2.2.5 首先证明 $\forall \alpha, \beta \in R$, $N(\alpha\beta) = N(\alpha)N(\beta)$.

(1) 若 $\alpha \in U(R)$, 则 $N(\alpha) \mid N(1) \Rightarrow N(\alpha) = 1$.

(2) 利用若 $\alpha = \beta_1\beta_2$ 是一个分解, 则 $N(\beta_i) < N(\alpha)$, 故分解会在有限步后终止.

(3) 利用 $N(3) = 9$, 但是不存在 $\alpha \in R$ 使得 $N(\alpha) = 3$, $2 \pm \sqrt{-5}$ 不可约是类似的.

(4) 由 (3) 可得.

2.2.6 (1) 令 $\varphi \colon \mathbb{R}[x,y] \to R$ 是由下述映射定义的环同态

$$x \mapsto \cos t, \quad y \mapsto \sin t,$$

则 φ 是满同态, 并证明 $\ker\varphi = (x^2 + y^2 - 1)$. 再利用同态基本定理 (参定理 2.1.1 或推论 2.1.1).

(2) 考虑如下变换

$$u = x + iy, \quad v = x - iy,$$

则 $\mathbb{C}[x,y] \cong \mathbb{C}[u,v]$ 且 $\mathbb{C}[x,y]/(x^2+y^2-1) \cong \mathbb{C}[u,v]/(uv-1)$, 再证明 $\mathbb{C}[u,v]/(uv-1) \cong \mathbb{C}[u, u^{-1}]$ 是欧氏环.

(3) 利用

$$\cos t = \frac{1}{2}(\cos t + i\sin t - i)(\sin t + i\cos t + 1),$$

$$1 - \sin t = \frac{1}{2}(\cos t + i\sin t - i)(\cos t - i\sin t + i)$$

是 $\mathbb{C}[\cos t, \sin t]$ 中的不可约分解. 说明

$$\cos^2 t = \cos t \cdot \cos t = (1 - \sin t)(1 + \sin t)$$

是 R 中的两个不同的分解.

习 题 2.3

2.3.1 (1) 利用: 若 $g(x) = b_0 + b_1 x + b_2 x^2 + \cdots \in F[[x]]$ 使得 $f(x)g(x) = 1$, 则

$$a_0 b_0 = 1, \quad \sum_{i=0}^{k} a_i b_{k-i} = 0 \quad (k = 1, 2, 3, \cdots).$$

(2) 记 $p(x) = c_0 + c_1 x + c_2 x^2 + \cdots$ 不可约, 则由 (1) 知 $c_0 = 0$. 若 $c_1 = 0$, 则 $p(x)$ 显然可以分解成两个非可逆元的乘积. 故 $c_1 \neq 0$, 再由 (1) 知 $c_1 + c_2 x + c_3 x^2 + \cdots$ 是可逆元, 因此 $p(x) \sim x$.

(3) 是欧氏环, 比如取映射 $\delta \colon F[[x]]^* \to \mathbb{N}$ 为

$$\delta(a_0 + a_1 x + a_2 x^2 + \cdots) = \min\{i \in \mathbb{N} \mid a_i \neq 0\}.$$

2.3.2 由 $F[x]$ 是 PID 和 $p(x)$ 不可约知 I 是极大理想. φ 是域嵌入直接验证之.

2.3.3 参考并对比习题 2.2.1.

2.3.4 注意到 $f(x)$ 不可约, 则 $\deg f > 0$, 从而 $f'(x) \neq 0$ 且次数比 $\deg f$ 要小.

2.3.5 利用 $f(x)$ 有一次因子 $\Leftrightarrow f(\bar{0}) = \bar{0}$ 或 $f(\bar{1}) = \bar{0}$. $\mathbb{F}_2[x]$ 中次数不超过 3 的不可约多项式有:

$$x, \quad x + \bar{1}; \quad x^2 + x + \bar{1}; \quad x^3 + x^2 + \bar{1}, \quad x^3 + x + \bar{1}.$$

2.3.6 (1) 由定义直接验证.

(2) 假设 $f(x)$ 在 $\mathbb{Z}[x]$ 中可约, 即 $f(x) = f_1(x) \cdot f_2(x)$, 则 $\bar{f}(x) = \bar{f}_1(x) \cdot \bar{f}_2(x)$, 且 $\bar{f}_i(x) \neq 0$, 矛盾.

2.3.7 说明若环同态 $\psi_u: R[x] \to A$ 满足 $\psi_u(x) = u, \psi_u(a) = \psi(a)$, 则 $\forall f(x) = a_n x^n + a_{n-1} x^{n-1} + \cdots + a_1 x + a_0 \in R[x]$

$$\psi_u\big(f(x)\big) = \psi(a_n) u^n + \psi(a_{n-1}) u^{n-1} + \cdots + \psi(a_1) u + \psi(a_0).$$

并验证由上式定义的 ψ_u 确实是环同态.

2.3.8 充分性是显然的; 对于必要性, 设

$$f(x) = a_n x^n + a_{n-1} x^{n-1} + \cdots + a_1 x + a_0.$$

取

$$g(x) = b_m x^m + b_{m-1} x^{m-1} + \cdots + b_1 x + b_0$$

是次数最低的使得 $f(x)g(x) = 0$ 的多项式, 从而 $a_n b_m = 0$. 令 $G(x) = a_n g(x)$, 则 $f(x)G(x) = 0$, 再由 $g(x)$ 次数的最低性知 $G(x) \equiv 0$, 即

$$a_n b_m = 0, \ a_n b_{m-1} = 0, \ \cdots, a_n b_0 = 0.$$

再由 $f(x)g(x) = 0$ 知 $a_{n-1} b_m = 0$, 类似的讨论可得

$$a_{n-1} b_m = 0, \ a_{n-1} b_{m-1} = 0, \ \cdots, a_{n-1} b_0 = 0.$$

依次下去得到 $a_i \cdot g(x) \equiv 0 \ (i = 0, 1, 2, \cdots, n)$.

2.3.9 用待定系数法说明: 若 $f(x)$ 可约, 则分解必为如下形式:

$$f(x) = (x^2 + ux + v)(x^2 - ux + v).$$

然后再证明不存在 $u, v \in \mathbb{Z}$ 使得上式成立. 对于 $\bar{f}(x)$ 在 $\mathbb{F}_p[x]$ 中可约, 利用 $\{a^2 \mid a \in \mathbb{F}_p^*\}$ 是 $\mathbb{F}_p^* \ (p > 2)$ 指数为 2 的正规子群说明 $\forall a, b \in \mathbb{F}_p$, a, b, ab 在 $\mathbb{F}_p$ 中至少有一个可以写成 $c^2 \ (c \in \mathbb{F}_p)$(或者使用二次互反律说明该结果). 然后再注意到

$$\begin{aligned}
f(x) &= \big((x - \sqrt{2})^2 - 3\big) \cdot \big((x + \sqrt{2})^2 - 3\big) \\
&= \big((x - \sqrt{3})^2 - 2\big) \cdot \big((x + \sqrt{3})^2 - 2\big) \\
&= \big(x^2 - 5 - 2\sqrt{2 \cdot 3}\big) \cdot \big(x^2 - 5 + 2\sqrt{2 \cdot 3}\big).
\end{aligned}$$

再由 $\mathbb{F}_p$ 中 $\bar{2}$, $\bar{3}$, $\overline{2 \cdot 3}$ 至少有一个是平方数知 $\bar{f}(x)$ 在 $\mathbb{F}_p[x]$ 中可约.

这个题目说明有些多项式的不可约性不能使用艾森斯坦判别法得到.

2.3.10 对于第一问, 设 $f(x) = \dfrac{p(x)}{q(x)}$, 其中 $p(x), q(x) \in \mathbb{R}[x]$ 互素.

(1) 如果 $p(x) \neq 0$ 且 $\deg p(x) < \deg q(x)$. 则当 m 充分大时, $0 < |f(m)| < 1$, 矛盾.

(2) 对于一般情形, 令 $d(f(x)) = \deg p(x) - \deg q(x)$. 由导数的性质知:$d(f'(x)) < d(f(x))$ 且若 $f'(x)$ 为多项式则 $f(x)$ 也是多项式. 将求导做离散化处理 (即差分): 令

$$f_1(x) = f(x+1) - f(x),$$

则 $f_1(x) \in \mathbb{R}(x)$ 使得 $d(f_1(x)) < d(f(x))$, 且 $\forall m \in \mathbb{Z}, f_1(m) \in \mathbb{Z}$. 对 $d(f(x))$ 使用数学归纳法知 $f_1(x)$ 是多项式, 再由 $f(x+1) - f(x) = f_1(x)$ 可推出 $f(x)$ 也是多项式.

对于第二问, 不妨设 $f(x) = a_n x^n + a_{n-1} x^{n-1} + \cdots + a_1 x + a_0$ $(a_i \in \mathbb{R})$. 任取 n 个两两不同的整数 $m_1, m_2, \cdots, m_n$, 由 $f(m_i) = b_i \in \mathbb{Z}$ 和线性方程组理论知 $a_i \in \mathbb{Q}$.

需要注意的是 $f(x)$ 不一定是整系数多项式, 比如 $f(x) = \dfrac{1}{2} x(x+1)$; 另外题目中的 $\mathbb{R}$ 换成 $\mathbb{Q}$ 的任意扩域, 结论依然成立.

习 题 2.4

2.4.1 直接验证 R_m 是 F-向量空间. 其维数是单项式 $x_1^{m_1} x_2^{m_2} \cdots x_n^{m_n}$ $(m_1 + m_2 + \cdots + m_n = m)$ 的个数, 即不定方程 $m_1 + m_2 + \cdots + m_n = m$ 非负整数解的个数.

2.4.2 必要性是自然的; 对于充分性, 将 $f(x_1, x_2, \cdots, x_n)$ 写为

$$f(x_1, \cdots, x_n) = f_0(x_1, \cdots, x_n) + f_1(x_1, \cdots, x_n) + \cdots + f_i(x_1, \cdots, x_n) + \cdots,$$

其中 $f_i(x_1, \cdots, x_n)$ 是 i 次齐次多项式. 利用条件说明 $f_i(x_1, \cdots, x_n) \equiv 0$ $(i \neq m)$.

2.4.3 必要性利用 $f(x) = (x-a)^2 g(x)$; 对于充分性, $f(a) = 0 \Rightarrow f(x) = (x-a)h(x)$. 如果 $h(a) \neq 0$, 则由 $f'(x) = h(x) + (x-a)h'(x)$ 知 $f'(a) \neq 0$, 矛盾.

2.4.4 当 $n = 1$ 时, 由于 $f(x_1)$ 在域 F 中至多有 $\deg f$ 个根, 故存在 $a_1 \in F$ 使 $f(a_1) \neq 0$. 当 $n > 1$ 时, 由 $F[x_1, \cdots, x_{n-1}, x_n] = F[x_1, \cdots, x_{n-1}][x_n]$ 可将 $f(x_1, \cdots, x_{n-1}, x_n)$ 写为

$$f(x_1, \cdots, x_{n-1}, x_n) = b_m(x_1, \cdots, x_{n-1})x_n^m + \cdots + b_1(x_1, \cdots, x_{n-1})x_n + b_0(x_1, \cdots, x_{n-1}),$$

其中 $b_i(x_1, \cdots, x_{n-1}) \in F[x_1, \cdots, x_{n-1}]$ 且 $b_m(x_1, \cdots, x_{n-1}) \neq 0$. 利用归纳法知存在 $a_1, \cdots, a_{n-1} \in F$ 使得

$$b_m(a_1, \cdots, a_{n-1}) \neq 0.$$

从而 $f(a_1, \cdots, a_{n-1}, x_n) \in F[x_n]$ 不是零多项式, 再利用 $n = 1$ 时的结论.

2.4.5 直接验证, 与习题 2.3.7 做对照.

2.4.6 对任意的 $N(\lambda) \in A$, $N(\lambda)$ 可以写成

$$N(\lambda) = N_m \lambda^m + N_{m-1} \lambda^{m-1} + \cdots + N_1 \lambda + N_0,$$

其中 $N_i \in M_n(K)$. 因此 ψ_u 是满射. 再由定义容易看出 ψ_u 是单射.

2.4.7 由 R 不是交换环知存在 $a, u \in R$ 使得 $au \neq ua$. 由多项式的定义知 $f(x) = x^2 - ax$ 有两种形式

$$f(x) = x^2 - ax = x \cdot (x - a).$$

而将 u 赋值给 x 得 $\psi_u(x^2 - ax) = u^2 - au$, $\psi_u(x \cdot (x - a)) = u \cdot (u - a)$. 但是 $u^2 - au \neq u(u - a)$.

2.4.8 取 $f(x_1, x_2) = x_1 x_2$, 由多项式的乘法定义知

$$x_1 x_2 = x_2 x_1,$$

但是 $\psi_u(x_1 x_2) = AB \neq BA = \psi_u(x_2 x_1)$.

习 题 3.1

3.1.1 首先显然 $g(x)$ 的根是 $f(x)$ 的根; 其次设 $\alpha \in K$ 是 $f(x)$ 的 k 重根 $(k \geqslant 1)$, 则 $f(x) = (x - \alpha)^k h(x)$, $h(\alpha) \neq 0$, 则可证明 $d(x) = (x - \alpha)^{k-1} d_1(x)$, 其中 $d_1(\alpha) \neq 0$, 从而 α 是 $g(x)$ 的单根.

3.1.2 (1) 利用 $\ker \psi_\alpha = \{f(x) \in K[x] \mid f(\alpha) = 0\}$ 是 $K[x]$ 的一个理想, 而 $K[x]$ 是主理想整环, 再使用 $\mu_\alpha(x)$ 的定义立得.

(2) 注意到 $\psi_\alpha : K[x] \to K[\alpha]$ 是满射.

3.1.3 $(u^2 + u + 1)(u^2 - u) = -4u - 2$; $0 = u^3 - u^2 + u + 2 = u^2(u-1) + (u-1) + 3 = (u-1)(u^2+1) + 3 \Rightarrow (u-1)^{-1} = -\dfrac{1}{3}(u^2+1)$.

3.1.4 首先证明 $[\mathbb{Q}[\sqrt{3}] : \mathbb{Q}] = 2$, 然后再说明 $x^2 - 2$ 是 $\sqrt{2}$ 在 $\mathbb{Q}[\sqrt{3}]$ 上的极小多项式, 从而得到 $[\mathbb{Q}[\sqrt{2}, \sqrt{3}] : \mathbb{Q}] = 4$.

3.1.5 利用艾森斯坦判别法说明 z 在 $\mathbb{Q}$ 上的极小多项式是 $\dfrac{x^p - 1}{x - 1}$, 参考例 2.3.4.

3.1.6 由域上多项式根的个数不超过多项式的次数知 U_n 最多有 n 个元素, 然后说明 $U_n = \langle e^{\frac{2\pi i}{n}} \rangle$; 通过因式分解 $x^{12} - 1$ 得到 z 在 $\mathbb{Q}[x]$ 中的极小多项式为 $x^4 - x^2 + 1$.

3.1.7 注意到 $[E : K] = [K[u] : K[u^2]] \cdot [K[u^2] : K]$, 而 $[K[u] : K[u^2]]$ 要么是 2, 要么是 1. 再由 u 的极小多项式的次数是奇数知 $[E : K]$ 也是奇数, 故 $[K[u] : K[u^2]] = 1$. 也可直接利用 u 的极小多项式是奇数得出 u 可由 u^2 表示, 即 $u \in K[u^2]$.

3.1.8 参考定理 3.1.1 的证明.

3.1.9 任取 $0 \neq u \in E$, 则 u 是 K 上的代数元, 从而 $K[u] = \{f(u) \mid f(x) \in K[x]\}$ 是一个域. 特别地, $u \in K[u] \Rightarrow u^{-1} \in K[u] \subset E$.

3.1.10 任取 $v \in E \setminus K$, 不妨设 $v = \dfrac{f(u)}{g(u)}$, 则由 $K \subset K(v) \subset E \subset L$ 可知只需证明 u 是 $K(v)$ 上的代数元即可, 而 u 显然是多项式 $f(x) - v \cdot g(x) \in K(v)[x]$ 的根.

3.1.11 任取 $u \in L \setminus K$, 由 $p = [L : K] = [L : K[u]] \cdot [K[u] : K]$ 可知 $[L : K[u]] = 1$.

3.1.12 由 $[L : K] < +\infty$ 可构造出 K 上的代数元 $u_1, u_2, \cdots, u_s \in L$ 使得 $L = K[u_1, u_2, \cdots, u_s]$, 然后再对 $K[u_i]$ 使用第二条性质.

3.1.13 $f(x) = x^3 - 6x^2 + 6x - 2$.

3.1.14 利用 $[\mathbb{Q}[\sqrt[3]{3}] : \mathbb{Q}] = 3$, $[\mathbb{Q}[\sqrt[5]{5}] : \mathbb{Q}] = 5$ 说明 $[\mathbb{Q}[\sqrt[3]{3}, \sqrt[5]{5}] : \mathbb{Q}] = 15$, 从而证明 $x^5 - 5$ 是 $\sqrt[5]{5}$ 在 $K[x]$ 中的极小多项式.

3.1.15 首先注意到 x, y 必是 k 上的超越元. 为形式上方便, 记 $a = x^p \in K$. 如果 $t^p - a \in K[t]$ 是可约的, 注意到在 $L[t]$ 中有

$$t^p - a = t^p - x^p = (t - x)^p,$$

则 $(t - x)^k \ (1 \leqslant k < p)$ 是 $K[t]$ 中的多项式, 从而得到 t^{k-1} 的系数 $-kx \in K \Rightarrow x \in K$, 矛盾! 故 $t^p - a$ 在 $k(x^p, y^p)[t]$ 中不可约. 类似的可证明 $t^p - y^p$ 在 $k(x, y^p)[t]$ 中不可约. 从而得到

$$[k(x, y^p) : k(x^p, y^p)] = p, \quad [k(x, y) : k(x, y^p)] = p.$$

事实上, 将条件 Char $k = p$ 去掉, 结论依然成立, 参考习题 3.3.8.

习　题　3.2

3.2.1 域扩张 $L/\mathbb{Q}$ 的一个二次根塔为

$$\mathbb{Q} \subset \mathbb{Q}[\alpha] \subset \mathbb{Q}[\alpha, \beta] \subset \mathbb{Q}[\alpha, \beta, \gamma] \subset \mathbb{Q}[\alpha, \beta, \gamma, \delta],$$

其中 $\alpha = \sqrt{17}$, $\beta = \sqrt{34 - 2\alpha}$, $\gamma = \sqrt{17 + 3\alpha - \beta - 2 \cdot \dfrac{8\alpha}{\beta}}$, $\delta = \sqrt{\dfrac{1}{16^2}(-1 + \alpha + \beta + 2\gamma)^2 - 1}$. 显然, $[\mathbb{Q}[\alpha, \beta, \gamma, \delta] : \mathbb{Q}] \leqslant 2^4$. 又 $\zeta_{17} \in \mathbb{Q}[\alpha, \beta, \gamma, \delta]$ 且 $[\mathbb{Q}[\zeta_{17}] : \mathbb{Q}] = 16$, 故 $L = \mathbb{Q}[\zeta_{17}] = \mathbb{Q}[\alpha, \beta, \gamma, \delta]$.

在学习了完整的伽罗瓦理论之后, 可以具体推导出 $\cos(2\pi/17)$ 的表达式, 参考习题 4.4.3 的想法.

3.2.2 首先由 3.2 节的应用 3.2.1 可知：$20°$ 角不能由尺规作图构造出; 从而 $1°$ 角不可构造. 记 $\theta = 18°$, 利用 $\sin(2\theta) = \cos(3\theta)$ 得到

$$\sin\theta = \frac{\sqrt{5} - 1}{4}.$$

从而 $36°$ 角可构造. 再由 $60°$ 角可构造, 得到 $3°$ 角可构造. 事实上

$$\cos 3° = \frac{\sqrt{8 + \sqrt{3} + \sqrt{15} + \sqrt{10 - 2\sqrt{5}}}}{4}.$$

习　题　3.3

3.3.1 利用韦达定理.

3.3.2 $E \subset \mathbb{R}$, 而 $f(x) = 0$ 的另外两个根都落在 $\mathbb{C} \setminus \mathbb{R}$ 中.

3.3.3 参考定理 3.3.2 的证明过程, 事实上 $[L : K] \mid n!$.

3.3.4 通过向 $\mathbb{Q}$ 中添加 $x^5 - 2 = 0$ 的所有根可得到 $L = \mathbb{Q}[\sqrt[5]{2}, e^{\frac{2\pi i}{5}}]$, $[L : \mathbb{Q}] = 5 \times 4 = 20$.

3.3.5 重复使用 $x^p - 1 = (x - 1)^p$ 可知 $x^{p^n} - 1$ 的分裂域是 $\mathbb{F}_p$.

3.3.6 将 $f(x)$ 看成 $E[x]$ 中的多项式, 则 L 是 $f(x)$ 在 E 上的分裂域; 同时 L 也是 $f(x) = \varphi(f(x)) \in \varphi(E)[x]$ 的分裂域, 再利用定理 3.3.2.

3.3.7 (1) $(x^2 - 2)$ 是 $\mathbb{Q}[x]$ 中的极大理想; 说明 $x^2 - 3$ 在 $K = \{a + b \cdot \bar{x} \mid a, b \in \mathbb{Q}\}$ 中无根.

(2) 由 (1) 知 $(x^2 - 3)$ 是 $K[x]$ 中的极大理想, 从而 L 是域, 再利用韦达定理说明 L 是 $f(x)$ 的分裂域.

3.3.8 必要性是自然的; 对于充分性, 假设 $x^p - c$ 在 $F[x]$ 中可约, 即

$$x^p - c = f(x) \cdot g(x),$$

其中 $f(x), g(x) \in F[x]$, $\deg f(x) = n < p$. 令 E 是 $x^p - c$ 在 F 上的一个分裂域, 则在 $E[x]$ 中有

$$x^p - c = (x - \alpha_1)(x - \alpha_2) \cdots (x - \alpha_p), \quad \alpha_i \in E.$$

不妨设 $f(x) = (x - \alpha_1)(x - \alpha_2) \cdots (x - \alpha_n)$, 则 $F \ni (-1)^n \cdot f(0) = \alpha_1 \alpha_2 \cdots \alpha_n \triangleq \alpha$. 注意到

$$\alpha^p = c^n, \quad \exists a, b \in \mathbb{Z} \text{ 使得 } ap + bn = 1,$$

可推出 $c^a \alpha^b \in F$ 是 $x^p - c$ 的一个根. 矛盾!

3.3.9 首先容易看出 $\deg f(x) \geqslant 3$. 假设 $\alpha + \beta = q \in \mathbb{Q}$. 令 $L \subset \mathbb{C}$ 是 $f(x)$ 的一个分裂域, 任取 $\alpha_i \in L$ 是 $f(x) = 0$ 的一个根. 由推论 3.3.4 知存在域同构 $\varphi_i : L \to L$ 使得 $\varphi_i(\alpha) = \alpha_i$. 注意到 $\beta \in L$ 是 $f(x) = 0$ 的根, 且

$$q - \alpha_i = q - \varphi_i(\alpha) = \varphi_i(q - \alpha) = \varphi_i(\beta).$$

故 $q - \alpha_i$ 也是 $f(x) = 0$ 的根, 从而 $f(x) = 0$ 的根以 α_i, $q - \alpha_i$ 的形式成对出现, 这与 $\deg f(x)$ 是奇数矛盾. 类似的可证明 $\alpha\beta \notin \mathbb{Q}$.

3.3.10 首先由 $f(x) = x^3 + x^2 - 2x - 1$ 在 $\mathbb{Q}$ 中无根知 $f(x) \in \mathbb{Q}[x]$ 不可约, 故 $[K : \mathbb{Q}] = 3$. 容易看出 $f(x) = 0$ 的根为 $u, u^2 - 2, 1 - u - u^2$, 因此 K 是 $f(x) \in \mathbb{Q}[x]$ 的分裂域. 故 K 是 $\mathbb{Q}$ 的正规扩张, 且 $\mathrm{Gal}(K/\mathbb{Q})$ 是 $[K : \mathbb{Q}] = 3$ 阶群, 故为循环群. $\mathrm{Gal}(K/\mathbb{Q})$ 由 $\eta : u \mapsto \alpha$ 生成 (注意到 η 不是恒等映射).

3.3.11 二次扩张均为正规扩张; $\sqrt[4]{2}$ 在 $\mathbb{Q}$ 上的极小多项式为 $x^4 - 2$, 其根 $\sqrt[4]{2} \cdot \sqrt{-1} \notin \mathbb{Q}[\sqrt[4]{2}]$.

3.3.12 假如 $f(x)$ 不是可分多项式, 则 $f'(x) = 0$, 由习题 2.1.10 知存在不可约多项式 $f_1(x) \in K[x]$ 使得 $f(x) = f_1(x^p)$. 然后再讨论 $f_1(x)$ 是否可分, 并利用数学归纳法得到结论. 每个根是 p^n 重根是显然的.

3.3.13 记 $\omega_0 = 1, \omega_1, \cdots, \omega_{d-1} \in K$ 是 $x^d - 1$ 的所有根, 则 $\omega_i \cdot \alpha \in K$ 是 $x^d - a$ 的所有根, 故 L 是 $x^d - a \in K[x]$ 的分裂域.

3.3.14 这里采用习题 3.1.15 解答中的记号.

(1) 任取 $\eta \in \mathrm{Gal}(L/K)$, 由 x 是 $t^p - a \in K[t]$ 的 p 重根, 且 $\eta(x)$ 也必须是 $t^p - a$ 的根, 故 $\eta(x) = x$. 同理 $\eta(y) = y$, 从而 $\eta = \mathrm{id}_L$.

(2) 若 $L = K[\alpha]$, 则 α 在 $K[t]$ 中的极小多项式 $\mu_\alpha(t)$ 的次数必为 p^2. 因为 L/K 不是可分扩张, 故 α 不是 K 上的可分元, 从而 $\mu_\alpha(t)$ 有重根. 由习题 2.1.10 知存在 $g(t) \in K[t]$ 使得 $\mu_\alpha(t) = g(t^p)$. 再注意到 K 是一个完全域, 从而得到 $\mu_\alpha(t) = g(t)^p$, 与 $\mu_\alpha(t)$ 不可约矛盾.

(3) 令 $E_c = K(x + c \cdot y)$, $c \in K$, 则 E_c 是 $K \subset L$ 的中间域, 由 (2) 知

$$\forall c_1 \neq c_2 \Rightarrow E_{c_1} \neq E_{c_2}.$$

习 题 3.4

3.4.1 $x^p - 1 = (x-1)(x^{p-1} + x^{p-2} + \cdots + x + 1)$ 的全部根组成一个由 α 生成的循环群, 故 $L = \mathbb{Q}[\alpha]$ 是 $f(x) = x^{p-1} + \cdots + x + 1$ 在 $\mathbb{Q}$ 上的分裂域. 由推论 3.3.3, $|\mathrm{Gal}(L/\mathbb{Q})| = [L : \mathbb{Q}] = p - 1$(后一等号是因为 $f(x)$ 在 $\mathbb{Q}$ 上不可约). 由例 3.3.2 可得, $\mathrm{Gal}(L/\mathbb{Q}) \cong \mathbb{F}_p^*$ (p 元域非零元的乘法群). 为证乘法群 $\mathbb{F}_p^*$ 是循环群, 设 $x \in \mathbb{F}_p^*$ 是 $\mathbb{F}_p^*$ 中最大阶元 (阶为 n), 则对任意 $y \in \mathbb{F}_p^*$ 有 $y^n = 1$. 否则, 设 y 的阶为 m, 必有 $m \nmid n$. 设 $d = (m, n)$ 是 m, n 的最大公因数, 则 $d < m$. 令 $d = p_1^{k_1} p_2^{k_2} \cdots p_s^{k_s}$ 是 d 的不可约分解,

$$d_1 = \prod_{p_i \nmid \frac{m}{d}} p_i^{k_i}, \quad d_2 = \frac{d}{d_1}.$$

那么 $\left(\dfrac{m}{d_1}, \dfrac{n}{d_2} \right) = 1$, y^{d_1} 的阶是 $\dfrac{m}{d_1}$, x^{d_2} 的阶是 $\dfrac{n}{d_2}$. 可以证明, $x^{d_2} y^{d_1} \in \mathbb{F}_p^*$ 的阶为 $n \cdot \dfrac{m}{d} > n$, 从而与 n 的选取矛盾. 因此多项式方程 $x^n - 1 = 0$ 在 $\mathbb{F}_p$ 中至少有 $p-1$ 个根, 从而 $n \geqslant p - 1$. 故 $\mathbb{F}_p^*$ 是 $p - 1$ 阶循环群.

3.4.2 注意到 $\sqrt[3]{2}$ 在 $K = \mathbb{Q}$ 上的极小多项式是 $x^3 - 2$, 而 $x^3 - 2$ 在 L 中只有一个根 $\sqrt[3]{2}$. 任取 $\sigma \in \mathrm{Gal}(L/K)$, 则 σ 由 $\sigma(\sqrt[3]{2}) \in L$ 唯一确定. 再由 $\sigma(\sqrt[3]{2})$ 也是 $x^3 - 2$ 的根知 $\sigma = \mathrm{id}$. 首先容易证明

$$[\overline{L} : K] = 6.$$

$\forall \eta \in \mathrm{Gal}(\overline{L}/K)$, 则 η 由 $\eta(\sqrt[3]{2})$ 和 $\eta(\omega)(\omega = e^{\frac{2\pi i}{3}})$ 唯一确定, 而

$$\eta(\sqrt[3]{2}) = \sqrt[3]{2}, \quad \text{或} \quad \omega \cdot \sqrt[3]{2}, \quad \text{或} \quad \omega^2 \cdot \sqrt[3]{2}.$$

$$\eta(\omega) = \omega, \quad \text{或} \quad \omega^2.$$

从而可证明 $\mathrm{Gal}(\overline{L}/K) \cong S_3$, 则 H 是由

$$\eta_1(\sqrt[3]{2}) = \sqrt[3]{2}, \quad \eta_2(\sqrt[3]{2}) = \omega \cdot \sqrt[3]{2}, \quad \eta_3(\sqrt[3]{2}) = \omega^2 \cdot \sqrt[3]{2}; \quad \eta_i(\omega) = \omega$$

生成的群, 对应于 S_3 中的 A_3.

3.4.3 (1) 充分性利用推论 3.3.4. 对于必要性, 注意到 $\forall \alpha \in K_{i+1}$, $\eta \in G_i$, α 和 $\eta(\alpha)$ 在 K_i 上有相同的极小多项式.

(2) 由定义直接验证 $\eta \cdot G_{i+1} \cdot \eta^{-1} \subset G_i$ 是一个子群.

$$\begin{aligned}
L^{\eta G_{i+1} \eta^{-1}} &= \{\alpha \in L \mid \eta \cdot g_{i+1} \cdot \eta^{-1}(\alpha) = \alpha, \, \forall g_{i+1} \in G_{i+1}\} \\
&= \{\alpha \in L \mid g_{i+1}(\eta^{-1}(\alpha)) = \eta^{-1}(\alpha), \, \forall g_{i+1} \in G_{i+1}\} \\
&= \{\eta(\beta) \in L \mid g_{i+1}(\beta) = \beta, \, \forall g_{i+1} \in G_{i+1}\} \\
&= \{\eta(\beta) \in L \mid \beta \in L^{G_{i+1}} = K_{i+1}\} \\
&= \eta(K_{i+1}).
\end{aligned}$$

(3) $\bar{\eta}$ 的良定性由 (2) 得到; $\bar{\eta} \in \mathrm{Gal}(K_{i+1}/K_i)$ 是自然的; $\ker(\phi) = G_{i+1}$ 直接验证可得; 利用定理 3.3.2 可证明 ϕ 是满射.

习　题　4.1

4.1.1 充分性是显然的; 对于必要性, 由 $\varphi(x_1^{-1}) \cdot \varphi(x_2^{-1}) = \varphi(x_1^{-1} \cdot x_2^{-1})$ 可得

$$x_1 \cdot x_2 = (x_1^{-1} \cdot x_2^{-1})^{-1} = x_2 \cdot x_1.$$

4.1.2 参照定义 4.1.3 直接证明.

4.1.3 (1) 直接验证.

(2) 参考推论 4.1.7.

4.1.4 (1) 由 N 是 G 的正规子群可知 $\bar{H}, \bar{G}$ 是商群; $H \lhd G \Rightarrow \bar{H} \lhd \bar{G}$.

(2) 注意到复合映射 $\pi: G \to \bar{G} \to \bar{G}/\bar{H}$ 是满射, 再利用定理 4.1.2.

4.1.5 (1) 由 $K \lhd G$ 可知: $\forall h \in H, k \in K$, 都存在 $h' \in H, k' \in K$ 使得

$$h \cdot k = k' \cdot h'.$$

利用这条性质可证明 HK 是一个子群, 其包含 H 和 K 是显然的.

(2) 直接验证即可.

(3) $\ker \varphi = \{h \in H \mid \varphi(h) = \bar{e} \in (HK)/K\} = \{h \in H \mid h \in K\} = H \cap K$.

(4) 使用 (2) 和 (3) 以及定理 4.1.2.

习　题　4.2

4.2.1 (1) 利用 $AB = BA$ 可知存在 $a' \in A, y' \in B$ 和 $x' \in A, b' \in B$ 使得

$$ya = a'y' \ (\Rightarrow ay'^{-1} = y^{-1}a'), \quad xb = b'x'.$$

然后通过展开直接验证 $[x^{-1}, y^{-1}] \cdot [a, b] \cdot [x^{-1}, y^{-1}]^{-1} = [a, b]$.

(2) 首先证明 $\forall x_1, y_1 \in A, x_2, y_2 \in B$, 总有

$$[x_1 x_2, y_1 y_2] = [x_1, x_2] \cdot [x_2, x_1 y_1] \cdot [y_2, y_1 x_1]^{-1} \cdot [y_1, y_2]^{-1},$$

从而再利用 (1) 得到

$$[x_1 x_2, y_1 y_2] \cdot [a_1 a_2, b_1 b_2] \cdot [x_1 x_2, y_1 y_2]^{-1} = [a_1 a_2, b_1 b_2].$$

4.2.2 (1) 由推论 4.2.2 和 $(i\,j) = (1\,i)(1\,j)(1\,i)$ 立得.

(2) 利用 (1), 对 n 使用数学归纳法, 并注意到

$$(1\,n) = (1\,2\,3\cdots n)^{-1}(1\,2)(1\,2\,3\cdots n),$$

$$(1\,2\,3\cdots n-1) = (1\,n)(1\,2\,3\cdots n).$$

4.2.3 记 $k = k_1 \cdot d, n = n_1 \cdot d, \pi^k = \pi_1 \pi_2 \cdots \pi_s, r_i$ 是循环 π_i 的长度, 则由 $(\pi^k)^{n_1} = id$ 可知 $r_i \mid n_1$. 再由 $(\pi^k)^{r_i}$ 固定了 π_i 中的元素可知 $n \mid (k \cdot r_i) \Rightarrow n_1 \mid r_i$. 从而 $r_i = n_1$.

4.2.4 (1) A_n 是群同态 $S_n \to \{\pm 1\}, \pi \mapsto \varepsilon_\pi$ 的核.

(2) 由 $(ab)(cd) = (abc)(bcd)$ 可知只需证明所有 3-循环在 $\langle (1\,2\,3),\ (1\,2\,4), \cdots (1\,2\,n) \rangle$ 中即可. 再利用恒等式 $(i, j, k \neq 1, 2)$

$$(1\,j\,k) = (1\,2\,k)(1\,2\,k)(1\,2\,j)(1\,2\,k);$$

$$(i\,j\,k) = (1\,2\,i)(1\,2\,i)(1\,2\,k)(1\,2\,j)(1\,2\,j)(1\,2\,i).$$

4.2.5 (1) 直接验证.

(2) 由 (1) 立得.

(3) 不妨设 $x = (i_1\,i_2\,i_3)$, $y = (j_1\,j_2\,j_3)$, 则

$$a_1 = \begin{pmatrix} i_1 & i_2 & i_3 & i_4 & i_5 & i_6 & \cdots \\ j_1 & j_2 & j_3 & j_4 & j_5 & j_6 & \cdots \end{pmatrix}, \quad a_2 = \begin{pmatrix} i_1 & i_2 & i_3 & i_4 & i_5 & i_6 & \cdots \\ j_1 & j_2 & j_3 & j_5 & j_4 & j_6 & \cdots \end{pmatrix}$$

都满足 $a_\ell \cdot x \cdot a_\ell^{-1} = y\,(\ell = 1, 2)$. 注意到 $a_1 = (j_4\,j_5) \cdot a_2$, 故 a_1, a_2 恰好有一个属于 A_n.

事实上, 当 $n \leq 4$ 时有反例说明 (3) 不成立.

4.2.6 参考定理 1.4.1, 并注意到 S_n 是有限群, 故只有有限多个子群.

4.2.7 如果 G 有 4 阶元, 则 G 是循环群. 否则的话, G 的每个非单位元都是 2 阶元, 即 $x^2 = 1$ 对 G 中所有元成立, 则 $\forall a, b \in G$, 有 $abab = 1 \Longrightarrow ab = b^{-1}a^{-1} = b(b^{-1})^2 \cdot (a^{-1})^2 a = ba$.

事实上可以证明: **每个 p^2 阶群都是交换群**. 否则的话, 存在 $x \in G$ 使得 $C(x) = \{g \in G \mid gx = xg\}$ 是 G 的真子群, 注意到 $C(x) \ni x \notin C(G)$, $C(G) \subset C(x)$. 再由 p-群总有非平凡的中心 (参考引理 4.2.2), 可知 $C(x)$ 的阶 $> p$, 从而 $|C(x)| = p^2$, 矛盾.

4.2.8 A_4 是 12 阶群, 故其子群的阶只可能是 1, 2, 3, 4, 6, 12.

阶	子群	注解
1	$\{e\}$	
2	$\langle (12)(34) \rangle, \langle (13)(24) \rangle, \langle (14)(23) \rangle$	只需找出 A_4 的所有 2 阶元
3	$\langle (123) \rangle, \langle (124) \rangle, \langle (134) \rangle, \langle (234) \rangle$	只需找出 A_4 的所有 3 阶元
4	V_4	利用习题 4.2.7, 且 A_4 没有 4 阶元
6	无	是正规子群, 且含 3 阶元, 穷举不存在
12	A_4	—

习 题 4.3

4.3.1 (1) 充分性: $(m, n) = 1 \Rightarrow \exists a, b \in \mathbb{Z}$ 使得 $am + bn = 1 \Rightarrow \alpha^1 = \alpha^{am+bn} \in \langle \alpha^m \rangle$. 必要性: $\alpha \in \langle \alpha^m \rangle \Rightarrow \exists k \in \mathbb{Z}$ 使得 $mk \equiv 1 (\mathrm{mod}\, n) \Rightarrow (m, n) = 1$.

(2) $\overline{m} \in U(\mathbb{Z}_n) \Leftrightarrow \exists k \in \mathbb{Z}$ 使得 $\overline{m} \cdot \overline{k} = \overline{1}$, 即 $mk \equiv 1 (\mathrm{mod}\, n) \Leftrightarrow (m, n) = 1$.

(3) 注意到 $\forall \sigma \in \mathrm{Aut}(G)$, σ 是由 $\sigma(\alpha)$ 唯一确定; 另外 α 和 $\sigma(\alpha)$ 有相同的阶.

4.3.2 利用定理 4.3.1.

4.3.3 设 $\theta \in L$ 是 n 次本原单位根, 则 $\forall \eta \in \mathrm{Gal}(L/K)$, $\eta(\theta) = \chi(\eta) \in \langle \theta \rangle$ 也必须是 $\langle \theta \rangle$ 的生成元. 然后参考引理 4.3.2 的证明.

事实上, 只要 K 的特征为零或者与 n 互素, 则

$$\mathrm{Gal}(L/K) \cong \begin{cases} U(\mathbb{Z}_n), & \theta \notin K, \\ \{e\}, & \theta \in K. \end{cases}$$

习 题 4.4

4.4.1 首先 $E = \mathbb{Q}[\sqrt[4]{2}, i = \sqrt{-1}]$ 且 $[E:\mathbb{Q}] = 8$, 故 $|\mathrm{Gal}(E/\mathbb{Q})| = 8$.

(1) 为求出所有中间域, 我们需要先求出 $\mathrm{Gal}(E/\mathbb{Q})$ 的所有子群. 类似于习题 3.4.2 的解答, $\forall \eta \in \mathrm{Gal}(E/\mathbb{Q})$, η 是由 $\eta(\sqrt[4]{2})$ 和 $\eta(i)$ 唯一确定. 若记

$$\alpha: i \mapsto i, \ \sqrt[4]{2} \mapsto \sqrt[4]{2}\,i; \quad \beta: i \mapsto -i, \ \sqrt[4]{2} \mapsto \sqrt[4]{2},$$

则 $\mathrm{Gal}(E/\mathbb{Q}) = \{id, \alpha, \alpha^2, \alpha^3, \beta, \alpha\beta, \alpha^2\beta, \alpha^3\beta\}$, 并且在 $i, \sqrt[4]{2}$ 上的作用效果为

	id	α	α^2	α^3	β	$\alpha\beta$	$\alpha^2\beta$	$\alpha^3\beta$
i	i	i	i	i	$-i$	$-i$	$-i$	$-i$
$\sqrt[4]{2}$	$\sqrt[4]{2}$	$\sqrt[4]{2}\,i$	$-\sqrt[4]{2}$	$-\sqrt[4]{2}\,i$	$\sqrt[4]{2}$	$\sqrt[4]{2}\,i$	$-\sqrt[4]{2}$	$-\sqrt[4]{2}\,i$

直接计算可得 $\mathrm{Gal}(E/\mathbb{Q})$ 的 2 阶子群有

$$\langle \alpha^2 \rangle, \ \langle \beta \rangle, \ \langle \alpha\beta \rangle, \ \langle \alpha^2\beta \rangle, \ \langle \alpha^3\beta \rangle;$$

$\mathrm{Gal}(E/\mathbb{Q})$ 的 4 阶子群有

$$\langle \alpha \rangle, \ \langle \alpha^2, \beta \rangle, \ \langle \alpha^2, \alpha\beta \rangle;$$

并且 $\mathrm{Gal}(E/\mathbb{Q})$ 没有其它的非平凡子群, 故 $E/\mathbb{Q}$ 共有 8 个中间域. 对应于 2 阶子群的中间域为

$$\mathbb{Q}[i, \sqrt{2}], \ \mathbb{Q}[\sqrt[4]{2}], \ \mathbb{Q}[\sqrt[4]{2}(1+i)], \ \mathbb{Q}[\sqrt[4]{2}\,i], \ \mathbb{Q}[\sqrt[4]{2}(1-i)];$$

对应于 4 阶子群的中间域为

$$\mathbb{Q}[i], \ \mathbb{Q}[\sqrt{2}], \ \mathbb{Q}[\sqrt{2}\,i].$$

(2) 利用子群的正规性和共轭关系可知:

$$\mathbb{Q}[i, \sqrt{2}], \ \mathbb{Q}[i], \ \mathbb{Q}[\sqrt{2}], \ \mathbb{Q}[\sqrt{2}\,i]$$

对 $\mathbb{Q}$ 是 Galois 扩张. $\mathbb{Q}[\sqrt[4]{2}(1+i)]$ 和 $\mathbb{Q}[\sqrt[4]{2}(1-i)]$ 共轭; $\mathbb{Q}[\sqrt[4]{2}]$ 和 $\mathbb{Q}[\sqrt[4]{2}\,i]$ 共轭.

4.4.2 令 $G = \mathrm{Gal}(K/F)$, $H = \mathrm{Gal}(K/F[\alpha])$. 记

$$G = \tau_1 H \cup \tau_2 H \cup \cdots \cup \tau_s H$$

是 G 的陪集分解. 令

$$f(x) = \prod_{i=1}^{s} (x - \tau_i(\alpha)),$$

证明 $f(x)$ 是 α 在 $F[x]$ 中的极小多项式, 且 $g(x) = f(x)^n \ (n = |H|)$.

4.4.3 首先容易证明 $\mathbb{Q}[\xi]$ 是 $x^{13} - 1$ 在 $\mathbb{Q}$ 上的分裂域, $[\mathbb{Q}[\xi]:\mathbb{Q}] = 12$.

(1) 利用习题 3.4.1 或者习题 4.3.3 的解答过程. $\text{Gal}(\mathbb{Q}[\xi]/\mathbb{Q})$ 到 $\mathbb{F}_p^*$ 的同构由 $\sigma_i \mapsto \bar{i}$ 给出, 其中

$$\text{Gal}(\mathbb{Q}[\xi]/\mathbb{Q}) \ni \sigma_i : \xi \mapsto \xi^i.$$

(2)-(3) 注意到 α 在 σ_4 的作用下保持不变. 而 $|\langle\sigma_4\rangle| = 6$, 故 $\left[\mathbb{Q}[\xi]^{\langle\sigma_4\rangle} : \mathbb{Q}\right] = 2$, 这说明 $1, \alpha, \alpha^2$ 在 $\mathbb{Q}$ 上一定线性相关. 直接计算得到

$$\alpha^2 = 2\alpha + 3(-1-\alpha) + 6.$$

故 α 是 $g(x) = x^2 + x - 3$ 的根. 容易证明 $g(x) \in \mathbb{Q}[x]$ 不可约, 因此有 $[\mathbb{Q}[\alpha] : \mathbb{Q}] = 2$, 从而

$$\mathbb{Q}[\xi]^{\langle\sigma_4\rangle} = \mathbb{Q}[\alpha].$$

综上可知: $[\mathbb{Q}[\xi] : \mathbb{Q}[\alpha]] = 6$, 且 α 在 $\mathbb{Q}$ 上的极小多项式为 $g(x) = x^2 + x - 3$.

4.4.4 (1) 参考习题 4.4.3 (1) 的证明, $[\mathbb{Q}[\xi_p] : \mathbb{Q}] = |\mathbb{F}_p^*| = p - 1$.

(2) 参考习题 4.3.3, $[\mathbb{Q}[\xi_{p^2}] : \mathbb{Q}] = |U(\mathbb{Z}_{p^2})| = p(p-1)$.

(3) $\left[\mathbb{Q}[\xi_{p^2}] : \mathbb{Q}[\xi_p]\right] = \dfrac{p(p-1)}{p-1} = p$.

4.4.5 (1) 注意到 $\mathbb{Q}[\xi_n]$ 是 $x^n - 1$ 在 $\mathbb{Q}$ 上的分裂域.

(2) 参考习题 4.3.3, $\text{Gal}(\mathbb{Q}[\xi_{12}]/\mathbb{Q}) = U(\mathbb{Z}_{12})$ 是克莱因 4 元群 (参考习题 4.2.7).

(3) 首先显然 $\mathbb{Q}[\xi_n + \xi_n^{-1}] \subset \mathbb{Q}[\xi_n] \cap \mathbb{R}$. 反之, 任取 $\alpha = \sum\limits_{k=1}^{n-1} a_k \xi_n^k \in \mathbb{Q}[\xi_n] \cap \mathbb{R}$. 由 α 的虚部为零可知:

$$\sum_{k=1}^{n-1} a_k \sin\frac{2\pi k}{n} = 0.$$

利用傅里叶分析可知 $a_k = a_{n-k} \, (k = 1, 2, \cdots)$, 从而 $\alpha \in \mathbb{Q}[\xi_n + \xi_n^{-1}]$.

习 题 4.5

4.5.1 按照定义直接验证.

4.5.2 由西罗定理知 20 阶群只有一个 5 阶子群, 故只有 4 个 5 阶元.

4.5.3 由西罗定理知 15 阶群 G 只有一个 5 阶子群 $\langle\alpha\rangle$ 和一个 3 阶子群 $\langle\beta\rangle$(从而都是正规子群), 证明 $\alpha\beta = \beta\alpha$, 从而 $G = \langle\alpha\beta\rangle$.

4.5.4 由西罗定理知 6 阶群 G 只有一个 3 阶子群 $\langle\alpha\rangle \lhd G$. 设 $\langle\beta\rangle$ 是 G 的一个 2 阶子群, 由 G 不是交换群知 $\beta\alpha\beta^{-1} \neq \alpha \Rightarrow \beta\alpha\beta^{-1} = \alpha^2$. 证明

$$\alpha \mapsto (1\,2\,3), \quad \beta \mapsto (1\,2)$$

给出了 G 到 S_3 的一个同构.

4.5.5 利用西罗定理可得到所有可能的 12 阶群为: 12 阶循环群, 交错群 A_4, 二面体群 $D_6 = \langle a, b \mid a^6 = b^2 = 1, ab = ba^5 \rangle$, $\langle a, b \mid a^6 = b^2 = 1, ab = ba \rangle$, $\langle a, b \mid a^4 = b^3 = 1, ab = b^2 a \rangle$.

4.5.6 当 $|G| = pq$ 时, 不妨设 $p > q$, 则 G 只有一个西罗 p-子群, 从而是 G 的正规子群.

当 $|G| = p^2q$ 时, 如果 $p > q$, 则 G 只有一个 p^2 阶西罗 p-子群, 从而是 G 的正规子群. 如果 $p < q$, 则 G 的西罗 q-子群的个数为 1 或者 p^2, 对于后者, 可推出 G 只有一个 p^2 阶西罗 p-子群; 故 G 总是单群.

4.5.7 对群 G 的阶因式分解 $|G| = 48 = 2^4 \cdot 3$, 因此 G 的西罗 2-子群的个数为 1 或者 3. 对于前者 G 有非平凡正规子群. 对于后者, 记 P_1, P_2, P_3 是 G 的西罗 2-子群, $P(G) = \{P_1, P_2, P_3\}$. 考虑群作用

$$G \times P(G) \to P(G), \quad (g, P_i) \mapsto gP_ig^{-1},$$

这诱导了一个群同态 $\varphi \colon G \to \mathrm{Aut}\left(P(G)\right) \cong S_3$. 由西罗定理知 $\ker \varphi \neq G$, 从而 $\ker \varphi \lhd G$ 是 G 的非平凡正规子群.

4.5.8 (1) 利用定义直接验证.

(2) 记 $S(x) = \{(h_1, h_2) \mid h_2xh_1^{-1} = x\}$ 为 x 的稳定子, 则

$$|O(x)| = [H \times H : S(x)].$$

再注意到 $H \lhd G \Leftrightarrow \forall x \in G, h_1 \in H, \exists h_2 \in H$ 使得 $x = h_2xh_1^{-1}$. 定义映射

$$\varphi_{(x,h_1)} \colon H \to O(x), \ h_2 \mapsto h_2xh_1^{-1},$$

则 $\varphi_{(x,h_1)}$ 是单射. 对于充分性: $|H| = |O(x)| \Rightarrow \exists h_2 \in H$ 使得 $x = \varphi_{(x,h_1)}(h_2)$(注意到 $x \in O(x)$); 对于必要性: $H \lhd G \Rightarrow |S(x)| \geqslant |H|$, $\varphi_{(x,h_1)}$ 是单射 $\Rightarrow |O(x)| \geqslant |H|$, 从而只可能 $|O(x)| = |H|$.

4.5.9 只需证明如果 $|G| < 60$ 不是素数, 则 G 一定不是单群. 由定理 4.2.2 和习题 4.5.6 可知 $|G| = 4, 6, 8, \cdots$ 时不是单群:

~~4~~	~~6~~	~~8~~	~~9~~	~~10~~	~~12~~	~~14~~	~~15~~	~~16~~	~~18~~	~~20~~	~~21~~	~~22~~	~~24~~
~~25~~	~~26~~	~~27~~	~~28~~	㉚	~~32~~	~~33~~	~~34~~	~~35~~	~~36~~	~~38~~	~~39~~	~~40~~	~~42~~
~~44~~	~~45~~	~~46~~	~~48~~	~~49~~	~~50~~	~~51~~	~~52~~	~~54~~	~~55~~	㊶	~~57~~	~~58~~	.-.

而 40 阶群只有一个西罗 5-子群, 42 阶群只有一个西罗 7-子群, 54 阶群只有一个西罗 3-子群. 再利用习题 4.5.7 的解答方法知 $|G| = 24, 36, 48$ 时也不是单群.

当 $|G| = 30$ 时, G 的西罗 5-子群的个数为 1 或者 6, 对于后者 G 共有 $(5-1) \times 6 = 24$ 个 5 阶元, 从而 G 只可能有一个西罗 3-子群 (因为西罗 3-子群的个数为 1 或 10).

当 $|G| = 56$ 时, G 的西罗 7-子群的个数为 1 或者 8, 对于后者 G 共有 $(7-1) \times 8 = 48$ 个 7 阶元, 从而 G 只能有一个 8 阶西罗 2-子群.

4.5.10 首先定理 4.2.5 已经证明了 A_5 是单群. 利用习题 4.5.7 的解答方法知 G 的 4 阶西罗 2-子群的个数只可能为 5, 15. 如果 G 的 4 阶西罗 2-子群的个数是 5, 任取 P 是一个西罗 2-子群, 则 $N(P)$ 是 G 的一个 $\dfrac{|G|}{5} = 12$ 阶子群.

如果 G 的 4 阶西罗 2-子群的个数是 15, 再注意到 G 的 5 阶西罗 5-子群的个数 $\geqslant 6$, 通过计算元素个数, 可推出存在两个不同的西罗 2-子群 P, P' 使得 $H = P \cap P' \neq \{e\}$, 进一步推出

H 的中心化子 $C_G(H) = \{g \in G \mid gh = hg, \forall h \in H\}$ 是 G 的一个 12 阶子群. 综合可知: G 总有一个 12 阶子群 N.

G 在 N 的左陪集上的作用诱导了一个非平凡的群同态 $\phi: G \to S_5$. 由 G 是单群知 ϕ 必是单射, 从而 $\phi(G)$ 是 S_5 的一个 60 阶子群, 故 $\phi(G)$ 必为 A_5.

习 题 5.1

5.1.1 利用模的定义直接验证.

5.1.2 (1) 直接验证满足理想的定义.

(2) 注意到 $\bar{a} = \bar{b} \Leftrightarrow a - b \in I$, 故 $(a - b)x = 0$. 从而推出 $(\bar{a}, x) \mapsto ax$ 不依赖于代表元的选取. R/I-模结构直接依据定义验证.

5.1.3 依定义验证, 可参考对比习题 1.4.13 和习题 4.5.1.

5.1.4 由例 5.1.1 知 M 有 $\mathbb{Z}$-模结构. 注意到在模的定义中要求 $1x = x$, $\forall x \in M$, 从而可推出 $nx = \underbrace{x + \cdots + x}_{n}$. 因此 M 的 $\mathbb{Z}$-模结构是唯一的.

5.1.5 由定义直接验证.

5.1.6 对于必要性: 任取 $0 \neq m \in M$, 记 $R \cdot m = \{rm \mid \forall r \in R\}$, $\mathrm{ann}(m) = \{a \in R \mid am = 0\}$, 则 $R \cdot m$ 是 M 的非零子模, 从而 $M = R \cdot m$. 又 $R \cdot m \cong R/\mathrm{ann}(m)$, 故 $R/\mathrm{ann}(m) \cong M$ 是单模, 这说明 $\mathrm{ann}(m)$ 是极大理想, 否则 $I/\mathrm{ann}(m)$ 是 $R/\mathrm{ann}(m)$ 的一个非平凡子模. 对于充分性: 注意到 R/I 的子模是 R/I 的一个理想, 故 I 是极大理想 $\Rightarrow R/I$ 是单模.

5.1.7 由定义直接验证. 参考对比定理 2.1.1、定理 4.1.2.

5.1.8 由 M_2 是单模且 $\phi(M_1)$ 是 M_2 的非零子模可知 $M_2 = \phi(M_1)$; 由 $\ker\phi \neq M_1$ 是 M_1 的子模, 故 $\ker\phi$ 必是零模.

习 题 5.2

5.2.1 利用 $A \in M_{m \times n}(R)$ 对应 R-模同态 $\varphi_A: R^n \to R^m$, $X \mapsto AX$ 和 $B \in M_{n \times m}(R)$ 对应 R-模同态 $\varphi_B: R^m \to R^n$, $Y \mapsto BY$.

5.2.2 记 $\big(\eta(e_1), \eta(e_2), \cdots, \eta(e_n)\big) = (e_1, e_2, \cdots, e_n)A$. 由 η 是满射知存在 $b_{ij} \in R$ 使得

$$\eta(b_{1j}e_1 + b_{2j}e_2 + \cdots + b_{nj}e_n) = e_j.$$

令 $B = (b_{ij})_{n \times n} \in M_n(R)$, 则 $(e_1, e_2, \cdots, e_n)AB = (e_1, e_2, \cdots, e_n)$, 从而 $AB = I_n \Rightarrow 1 = \det A \cdot \det B \Rightarrow \det A \in U(R) \Rightarrow A \in M_n(R)$ 是可逆矩阵, 因此 η 是双射.

当 η 是单射时, 它未必是满射, 比如考虑映射 $\eta: \mathbb{Z} \to \mathbb{Z}$, $n \mapsto 2 \cdot n$.

5.2.3 (1) 设 $\det A \neq 0$, 则

$$0 = (f_1, \cdots, f_n) \begin{pmatrix} y_1 \\ \vdots \\ y_n \end{pmatrix} \Rightarrow 0 = A \begin{pmatrix} y_1 \\ \vdots \\ y_n \end{pmatrix} \Rightarrow 0 = A^* A \begin{pmatrix} y_1 \\ \vdots \\ y_n \end{pmatrix} = \det A \begin{pmatrix} y_1 \\ \vdots \\ y_n \end{pmatrix}.$$

由 R 是整环知 $y_i = 0$, 即 $f_1, f_2, \cdots, f_n$ 线性无关.

(2) 首先注意到 $\det A \cdot \bar{x} = 0 \Leftrightarrow \det A \cdot x \in K$. 为此, 记

$$x = (e_1, \cdots, e_n) \begin{pmatrix} x_1 \\ \vdots \\ x_n \end{pmatrix}, \quad \diamondsuit \begin{pmatrix} y_1 \\ \vdots \\ y_n \end{pmatrix} = A^* \begin{pmatrix} x_1 \\ \vdots \\ x_n \end{pmatrix}.$$

从而

$$\det A \cdot x = (e_1, \cdots, e_n) \det A \begin{pmatrix} x_1 \\ \vdots \\ x_n \end{pmatrix} = (e_1, \cdots, e_n) A A^* \begin{pmatrix} x_1 \\ \vdots \\ x_n \end{pmatrix}$$

$$= y_1 f_1 + \cdots + y_n f_n \in K.$$

5.2.4 f_2, f_3 是 K 的一组基.

5.2.5 注意到可以在 R 中做辗转相除. 取 d_1 是第一列的最大公因子, 通过初等行变换将 $(1,1)$ 处的元素化为 d_1. 然后利用归纳法说明只通过初等行变换可将 A 化成上三角阵, 再利用带余除法将右上角的元素化为满足条件 $\delta(b_{ji}) < \delta(d_i)$ 或者 $b_{ji} = 0$. 对比参考定理 5.2.3 的证明.

习 题 5.3

5.3.1 首先注意到如果 $p \in R$ 是主理想整环 R 上的不可约元, 则 (p) 是极大理想. 对于充分性, 由 $M = R \cdot z \cong R/\text{ann}(z) = R/(p)$, 而 $R/(p)$ 只有平凡理想, 故是不可约模. 对于必要性, 任取 $0 \neq z \in M$, 则 $R \cdot z$ 是 M 的非零子模, 从而 $M = R \cdot z \cong R/(p)$, 再由 M 是挠模知 (p) 不是零理想, 即 $p \neq 0$; 由 M 不可约得到 (p) 是极大理想. 参考对比习题 5.1.6.

5.3.2 充分性, 注意到 $R/(p^e)$ 的理想一定具有如下形式:

$$(p^k)/(p^e) \quad k = 0, 1, \cdots, e.$$

而这些也是 $R/(p^e)$ 可能的子模, 显然 $R/(p^e)$ 不能写成其中任何两个的直和; 故 $M = R \cdot z \cong R/\text{ann}(z)$ 是不可分解模. 对于必要性, 由推论 5.3.2 可知 $M = R \cdot z$, $\text{ann}(z) = (p^e)$, 且 p 不可约.

索　引